# 黑马

## 强者逆袭思维

42工作室 编著

开明出版社

图书在版编目（CIP）数据

黑马：强者逆袭思维 / 42 工作室编著 . -- 北京：
开明出版社，2025.7. -- ISBN 978-7-5131-9725-0

Ⅰ . B804-49

中国国家版本馆 CIP 数据核字第 20254WL548 号

责任编辑：卓玥

HEIMA　QIANGZHE NIXI SIWEI
黑马：强者逆袭思维

| 作　　者： | 42 工作室 |
|---|---|
| 出　　版： | 开明出版社 |
|  | （北京海淀区西三环北路 25 号　　邮编 100089） |
| 印　　刷： | 三河市双升印务有限公司 |
| 开　　本： | 710mm×1000mm　1/16 |
| 成品尺寸： | 165mm×230mm |
| 印　　张： | 8 |
| 字　　数： | 78 千字 |
| 版　　次： | 2025 年 7 月第 1 版 |
| 印　　次： | 2025 年 7 月第 1 次印刷 |
| 定　　价： | 49.00 元 |

印刷、装订质量问题，出版社负责调换货　　联系电话：（010）88817647

# 目录

1. 被动等待机会，还是主动寻找机会？ …………02
2. 抱怨条件不足，还是最大化利用现有？ ………04
3. 死记硬背知识，还是理解创造新知？ …………06
4. 畏惧疑难问题，还是主动攻克难关？ …………08
5. 被失败击垮，还是在失败中成长？ ……………10
6. 逃避现实困境，还是主动改变处境？ …………12
7. 怨天尤人变消沉，还是在逆境中奋进？ ………14
8. 视挫折为终点，还是将其作为跳板？ …………16
9. 封闭自守，还是开放共赢？ ……………………18
10. 计较个人得失，还是重视团队成就？ …………20
11. 嫉妒他人优秀，还是学习对手长处？ …………22
12. 背后议论他人，还是当面真诚沟通？ …………24
13. 放纵欲望享乐，还是自律自强不息？ …………26
14. 虚度宝贵光阴，还是珍惜每寸光阴？ …………28
15. 被动沉迷娱乐，还是主动管理时间？ …………30
16. 被动依赖提醒，还是自主规划？ ………………32

17. 因循守旧，还是勇于突破创新？…………34
18. 迷信权威教条，还是敢于质疑挑战？…………36
19. 畏惧改变风险，还是主动拥抱变革？…………38
20. 空谈理论道理，还是躬身实践？…………40
21. 推诿逃避责任，还是主动担当重任？…………42
22. 只顾个人利益，还是心系家国天下？…………44
23. 遇难畏缩不前，还是勇挑时代使命？…………46
24. 明哲保身沉默，还是为正义发声？…………48
25. 目光短浅狭隘，还是胸怀远大理想？…………50
26. 计较眼前得失，还是谋划长远发展？…………52
27. 固守一隅之地，还是开拓全新领域？…………54
28. 满足现有成就，还是不断超越自我？…………56
29. 贪图安逸享乐，还是艰苦奋斗？…………58
30. 骄傲自满停滞，还是谦虚进取？…………60
31. 自私自利计较，还是无私奉献？…………62
32. 追求表面虚荣，还是重视内在修养？…………64
33. 被动接受命运，还是主动创造人生？…………66
34. 等待完美时机，还是立即行动？…………68
35. 畏惧未知挑战，还是勇敢探索？…………70
36. 随波逐流度日，还是坚持理想信念？…………72

37. 被传统束缚，还是突破性别限制？…………… 74

38. 面对生理缺陷自暴自弃，还是主动突破？…… 76

39. 畏惧流言非议，还是坚持真理？……………… 78

40. 被动接受安排，还是掌握自己命运？………… 80

41. 固守传统，还是敢于创新？…………………… 82

42. 经验臆断，还是实证探索？…………………… 84

43. 墨守成规，还是灵活应变？…………………… 86

44. 凭直觉臆断，还是按逻辑溯源？……………… 88

45. 安于平庸，还是追求卓越？…………………… 90

46. 因循守旧，还是主动革新？…………………… 92

47. 盲从权威，还是独立思考？…………………… 94

48. 封闭排斥，还是开放包容？…………………… 96

49. 唯利是图，还是责任担当？…………………… 98

50. 浮于表面，还是深耕本质？…………………… 100

51. 局限现状，还是开拓新域？……………………102
52. 空想臆造，还是科学求证？……………………104
53. 独占资源，还是共享共赢？……………………106
54. 僵化执行，还是动态调整？……………………108
55. 流于表面，还是洞察本质？……………………110
56. 低效重复，还是高效革新？……………………112
57. 凭经验摸索，还是靠体系成事？………………114
58. 单打独斗，还是协同合作？……………………116
59. 屈从妥协，还是积极抗争？……………………118
60. 偏见固化，还是平等觉醒？……………………120

# 乾坤未定，
# 你我皆是黑马

## 1. 被动等待机会，还是主动寻找机会？

- **被动等待机会的人，** 抱怨环境，自认命运既定；坐等机遇降临，却不敢付诸行动；拿资源匮乏当放弃的借口；目光局限于眼前的温饱；惧怕困难，自我设限。

- **主动寻找机会的人，** 利用资源，创造无限可能；目标坚定不移，始终百折不挠；主动寻找，借助优势实现成长；懂得延迟满足，积累实力，厚积薄发；把困境当作磨砺自己的磨刀石。

### 宋濂的借光之路

元末时期，农家子弟宋濂家境贫寒，既无书籍可读，又无钱财聘请老师。若依从"被动求生"的想法，他本应务农直至终老。然而，他以行动书写了另一种可能：缺书时，他便"每假借于藏书之家，手自笔录"。即便寒冬时节砚台结冰，手指冻得难以屈伸，他仍将"无书"的困境化作"精读强记"的契机。

无师教导，他就"趋百里外"，去寻求学问。深冬时节，大雪有几尺深，他仍"负箧曳屣"地赶路，即便脚被冻裂也毫不在意。到达学舍后，他身子冻僵，需要他人用热水浇淋才能缓过来。面对老师的斥责，他依旧"色愈恭，礼愈至"，因为他明白，这是获得智慧所需付出的代价。

物质上的清贫成为他屏蔽干扰的屏障，使他能够全心投入学业。最终，这个曾经的放牛娃成为明初的"开国文臣之首"。他凭借主动破局的精神，为自己"借"来了照亮他前程的光芒。

## 认知内核

**补充短板**：缺什么，就用实际行动补什么。

**坚定目标**：心中有方向，风雪与冷雨都挡不住脚步，不为外物所动。

**寻找机遇**：带着真诚去结识他人、探寻机遇，不故步自封。

## 逆袭突围攻略

*少年破局，始于思维的转变，成于坚毅的行动。*

⭐ **停止抱怨，主动求变**。与其哀叹"我一无所有"，不如思索"我能做些什么"。像宋濂一样，没有书籍，便动手抄写；没有良师，就四处寻访。

⭐ **锁定目标，屏蔽干扰**。明确自己想要成为的模样，学习宋濂的专注；内心笃定，万难皆可攻克。

⭐ **主动出击，结交贵人**。不要坐等机会上门，怀揣着求知的渴望向强者学习，你的行动力便是最佳的敲门砖。

⭐ **将苦累视作照亮未来的明灯**。那些抄书时的严寒、求学时的艰难，终将化作自己人生故事里璀璨的光芒。

## 2. 抱怨条件不足，还是最大化利用现有？

- 总是抱怨条件不足的人，喜欢放大自身缺失的部分，将"没有"当作停滞的理由；困于眼前的匮乏，看不到转机的可能；用"条件不够"自我安慰，任时光在抱怨中流逝。

- 能最大化利用现有条件的人，习惯在有限中挖掘无限，把"不足"变成创造的起点；像精打细算的工匠，将每一份资源都用到极致；懂得环境无法选择，但应对的姿态可以自己掌控。

### 匡衡的破壁之光

西汉年间，匡衡出生在一个贫农家庭，连夜晚点灯的油钱都凑不齐。若他抱怨"条件不足"，这个少年或许只会在黑暗中早早睡去，任才华被贫穷埋没。但他用一把凿子，凿开了命运的缺口。

邻家夜晚常有烛火，却照不到他家。趁着夜色，他悄悄在墙壁上凿出一个小孔，微弱的光像一条细线，刚好落在他摊开的竹简上。从此，每当邻家灯火亮起，这缕"借"来的光便成了他夜晚读书的依靠。

寒来暑往，小孔透进的光线从未改变亮度，却照亮了越来越多的文字。后来，他到大户人家做雇工，不谈工钱，只提一个要求：允许他借阅家中藏书。他白天劳作耗尽体力，夜晚他却仍抱着书卷读到深夜。

最终，这个凿壁借光的少年官至丞相，用智慧辅佐汉室治理天下。他没有抱怨命运的吝啬，而是把仅有的微光，变成了照亮自己人生的火炬。

## 认知内核

**寻求帮助：** 以自身的付出换取机会，以诚挚的态度换取帮助；书中的知识、他人的经验，都是可以利用的力量。

**找到出路：** 将精力聚焦于一处，便能寻得破局之道。

## 逆袭突围 攻略

> 当资源有限时，仔细观察身边的一切，像匡衡借光读书那样，抓住每一个可以利用的机会，创造有利的学习条件。

⭐ **停止抱怨，盘点所有。** 与其喊"我什么都没有"，不如盘点"我还拥有什么"。一双能劳作的手，一颗想改变的心，都是突围的资本。

⭐ **微小起步，持续深耕。** 不必等万事俱备，像匡衡那样从"凿孔"开始。再小的行动，历经时间的打磨，都会变成惊人的积累。

⭐ **坚守初心，稳步前进。** 多年之后，当你回首那些于黑暗中潜心苦读的夜晚，那些遭受他人嘲讽却依然执着坚守的时光，你定会感激曾经坚守的自己。

## 3. 死记硬背知识，还是理解创造新知？

● **死记硬背知识的人**，将文字当作堆砌的砖块，满足于记住表面的字句；把书本视为不可更改的教条，不敢越雷池一步；只懂得传递知识却不会转化，这些知识在脑中就只是零散的碎片，难以形成体系。

● **理解创造新知的人**，将知识视为具有生命力的种子，着重挖掘其背后的逻辑；把书本当作启发思考的阶梯，勇于质疑并深入钻研；促使知识在实践中生根发芽，焕发出全新的光彩。

### 朱熹的格物之路

南宋时期，儒家经典被奉为圭臬，学子们多以背经文、模仿古人注解为能事。然而，朱熹却不满足于此，他带着"格物致知"的信念，走出了一条与众不同的求知路。

少年时，朱熹就对书本上的知识充满好奇。成年后，朱熹更是将"格物"作为治学的核心。为了理解"理"的含义，他遍访名山大川，观察自然万物的运行规律；他走进田间地头，向农夫请教农作物的生长过程；他与不同学派的学者辩论，在思想的碰撞中探寻真理。

经过数十年的探索与积累，朱熹构建起庞大的理学体系，其思想对后世产生了深远影响。明

代以后，他撰写的《四书章句集注》成为科举考试的重要依据，而他"格物致知"的治学方法，更启发了无数人跳出死记硬背的窠臼，主动去探寻知识的真谛。

## 认知内核

**探究本质**：知识的价值不在于记住多少，而在于能否抓住其核心本质。

**知行结合**：将书本知识与现实的观察相结合，才能让理解更加深刻。

**勇于突破**：不被既有结论束缚，才能在理解的基础上创造新的知识。

## 逆袭突围攻略

在知识的海洋中，从死记硬背到理解创造，是提升认知层次的关键一跃。

⭐ **勤于追问，深挖本质**。不要满足于"是什么"，多问"为什么"：一个概念的由来，一个规律的适用范围，一种理论的现实意义，追问能让知识在你的脑海中扎根。

⭐ **联系实践，融会贯通**。像朱熹那样"格物"，把书本知识放到生活中去检验。观察一朵花的生长，分析一件事的因果，实践能让知识活起来。

⭐ **大胆创新，推陈出新**。不迷信权威注解，敢于提出自己的见解。对旧知识的新解读，对旧理论的新应用，创新能让知识焕发新活力。

⭐ **让每一次思考都化作进步的阶梯**。切勿满足于死记硬背，跳出固有的思维框架，重新思索，你将在知识的领域中开拓出一片属于自己的崭新天地。

## 4. 畏惧疑难问题，还是主动攻克难关？

● **畏惧疑难之人**，总是在难题面前畏缩不前，让未知的恐惧如迷雾般遮蔽前路；他们常将"做不到"挂嘴边，把他人的质疑当作退缩的借口。

● **主动攻克难关之人**，将挑战视为证明自己的契机；他们坚信办法蕴藏于行动之中，凭借钻研精神一点点解开难题，这才是正确的应对之道。

### 张衡研制地动仪

东汉时期，中原大地时常发生地震，每次灾害都导致房屋倒塌、百姓伤亡，却没有能提前预警的办法。当时的人们多认为地震是老天爷的"警告"，只能被动承受，连官府也难以应对。

张衡任太史令时，多次目睹地震后的惨状，决心研制一种能感知远方发生的地震的仪器。这在当时是前所未有的尝试，许多人觉得他异想天开，认为地震来去无形，根本无法捕捉。

面对这样的难题，张衡没有退缩。他开始搜集历史上的地震记载，记录每次地震的时间、地点和震动情况，试图从中找到规律。他发现，地震时地面会产生波动，这种波动或许能通过某种装置被感知。

经过多年打磨，张衡终于制成了一台名为"候风地动仪"（常简称为"地动仪"）的仪器。起初众人仍有疑虑，直到一次陇西发生地震，仪器西侧的铜珠落下，几天后，驿使果然传来陇西地震的消息，人们才信服这台仪器的作用。

张衡用行动证明，看似无解的难题，只要主动钻研，总能找到攻克的方法。

## 认知内核

**直面未知**：疑难如同一层窗户纸，捅破了才知里面的模样。

**持续钻研**：解决难题没有捷径，唯有在试错中不断调整。

**务实创新**：从实际需求出发，把想法转化为可操作的方案。

## 逆袭突围攻略

攻克难题的要义，不在于规避挑战，而在于用行动一步步将"不可能"拆解成"可能"。

面对难题，不要害怕退缩，把大的难题分解成一个个小的任务，逐步去解决，通过具体的行动，逐步接近目标。

⭐ **正视难题，拆分目标**。不要被"太难了"吓住，像张衡那样把大难题拆成小步骤：先观察现象，再分析原理，最后按计划行动，一步一步推进。

⭐ **积累经验，寻找规律**。多收集相关信息，总结过往案例，规律往往藏在细节里。哪怕是失败的尝试，也能提供排除错误方向的线索。

⭐ **动手实践，持续改进**。光想没用，得像打磨仪器那样反复试验。第一次做不好就改，第二次有瑕疵再调整，在实践中，总能找到改进的办法。

⭐ **每次解决难题后，要更加自信**。那些迎难而上的坚持，那些不断尝试的坚定，终会让你在挑战前更加镇定自若。

## 5. 被失败击垮，还是在失败中成长？

● **被失败击垮的人**，总把一次跌倒当成人生的终结，刚遭遇一点不顺就放弃前行，这样永远到不了想去的地方。

● **在失败中成长的人**，视每次失利为打磨自己的砂纸，从过程中捡拾经验的碎片；把失败当作重新出发的信号，调整方向后继续向目标迈进。

### 林肯在失败中走向巅峰

林肯出生在肯塔基州的一个贫寒家庭，童年时就要帮家里砍柴、种地，几乎没受过正规教育，但他从未放弃对自我的塑造。可是，他成年后踏入政坛，却迎来了一连串的失败。

23 岁时，他第一次竞选州议员，得票寥寥。次年，他做生意失败，花了十几年才还清欠下的债务。25 岁时，他再次竞选州议员，终于成功，但随后竞选州议长、国会议员候选人、副总统候选人，均以失败告终。45 岁和 49 岁时，他两次竞选参议员均落选，连支持者都觉得他该放弃了。

可林肯从未被这些失败击垮。每次落选后，他都认真分析原因，并努力改正：演讲不够有说服力，就对着玉米地反复练习；对政策的理解不够深入，就埋头研读法律和历史典籍；人脉不足，就踏遍全州，到每个小镇与选民交流。

那些失败的经历，反而成了他了解民众疾苦的窗口。

他在生意失败时体会过底层的艰辛，在竞选失利时看清过政治的复杂，这些都化作他后来演讲中最动人的力量。

51岁那年，林肯再次竞选总统，这一次他成功了。面对国家分裂的危机，他凭借在无数次失败中磨砺出的坚韧与智慧，领导美国度过南北战争，废除了奴隶制，成为美国历史上一位伟大的总统。

## 认知内核

**正视失败**：失败不是终点，而是成功路上的路标，它能指明需要调整的方向。

**汲取教训**：每次跌倒后，重要的不是拍掉灰尘，而是看清为何摔倒。

**持续行动**：失败了，就尝试调整，调整后，再重新尝试。

## 逆袭突围攻略

从失败中重生的关键，是把每次跌倒都变成试错的机会，而非停滞的借口。

⭐ **复盘总结，找到症结**。不要让失败白白发生，像林肯那样分析：是准备不足、方法不对，还是时机未到？找到问题才能避免重蹈覆辙。

⭐ **小步调整，再次出发**。一次大失败后，别急着全盘推翻。先改一个小错误，换一种小方式，用小成功积累信心，逐步回到正轨。

⭐ **保持韧性，拒绝躺平**。失败后难免消沉，但不能一直沉沦。给自己一点时间调整，然后像林肯那样，哪怕走得慢，也要朝着目标继续迈步。

## 6. 逃避现实困境，还是主动改变处境？

- **逃避现实之人**，总于困境面前转身离去，任由困难如影随形，在自我安慰里让处境愈发糟糕，最终被困境彻底困住。

- **主动改变处境的人**，明白逃避解决不了问题，只会让问题越积越多；敢于直面困境，从点滴做起，寻找突破的可能。

### 范仲淹苦读逆袭路

范仲淹幼年时家境贫寒，父亲去世后，母亲带着他改嫁。寄人篱下的生活让他早早体会到现实的艰辛，但他没有沉溺于这种困境。

为了能专心读书，他离开家，去应天府书院求学。书院的生活并不轻松，他常常连基本的温饱都难以保证。冬天里，食物很快就会变冷，他便把粥煮好后分成几块，等到饿了就拿一块充饥，就着咸菜下肚。

有同学看到他如此清苦，想送他些好饭菜，却被他婉拒了。

在艰苦的环境中，他从未放松对自己的要求，常常读书到深夜，累了就用冷水洗脸提神。他把所有的精力都投入到学习中，因为他知道，只有通过知识才能改变自己的处境。

**黑马：强者逆袭思维**

后来，范仲淹考中进士，踏入仕途。他始终保持着刻苦学习的劲头，关心百姓疾苦，提出了许多利国利民的政策，最终官至参知政事，成为一代名相。他用自己的经历证明，困境并不可怕，主动去改变，就能闯出一条属于自己的路。

## 认知内核

**直面困境**：困境不会因为逃避而消失，只有面对它，才有改变的可能。

**坚守信念**：在艰难的处境中，对目标的执着是支撑自己前行的动力。

**自我约束**：在困境中保持自律，不被眼前的舒适诱惑，才能积累改变的力量。

## 逆袭突围攻略

*主动改变处境，需要的是在困境中树立坚定目标的勇气和脚踏实地的行动。*

⭐ **立足当下，寻找支点**。不要总想着一下子摆脱困境，像范仲淹那样，找到能让自己成长的点，比如认真学习一项技能，专注做好一件小事。

⭐ **拒绝安逸，自我鞭策**。在困境中，人容易懈怠，要时刻提醒自己目标所在，用严格的自律约束自己，不断积累力量。

⭐ **抓住机会，果断行动**。当出现改变处境的机会时，不要犹豫，哪怕机会很小，也要全力以赴去争取，行动是改变的开始。

## 7. 怨天尤人变消沉，还是在逆境中奋进？

● **怨天尤人的人**，总把身处逆境的原因归咎于外界，在抱怨中消磨掉自己的斗志，最终在逆境中越陷越深。

● **在逆境中奋进的人**，明白抱怨无法改变现状，只会浪费时间；把逆境当作磨炼自己的机会，在困难中寻找成长的可能；如同在石缝中生长的小草，即使环境恶劣，也努力向上生长，绽放自己的生命力。

### 苏轼贬谪途中创佳作

苏轼的一生仕途坎坷，多次被贬。从繁华的京城到偏远的黄州、惠州，再到更远的儋州，每一次贬谪对他来说都是一次重大的打击。

在黄州时，他的生活十分困苦，没有固定的住所，只能住在寺庙里。面对这样的逆境，他没有一味地怨天尤人，而是努力调整自己的心态。

他开始亲近自然，在田间劳作，感受生活的本真。他把对生活的感悟、对人生的思考融入诗词创作中。在黄州期间，他写下了《念奴娇·赤壁怀古》等千古名篇，这些作

品不仅展现了他高超的文学造诣，更体现了他在逆境中积极奋进的人生态度。

即使被贬到环境恶劣、物资匮乏的儋州，他依然没有消沉。他用自己的行动证明，逆境并不能阻挡一个人追求有意义的人生。

## 认知内核

**调整心态**：换个角度看问题，或许能发现新的可能。

**专注所爱**：把精力投入到自己热爱的事情上，找到前进的动力。

**随遇而安**：在不同的环境中都能找到适合自己的生活方式。

## 逆袭突围攻略

在逆境中奋勇前行，心态的转变是首要步骤。在这一过程中，不被环境所束缚，保持内心的力量并稳步前行，尤为关键。

⭐ **接纳现实，调整心态**。不要抗拒逆境的到来，承认它的存在，然后努力调整自己的心态，从消极的情绪中走出来。

⭐ **寻找热爱，释放压力**。像苏轼那样，找到自己热爱的事情，让它成为逆境中的精神支柱，在其中释放压力，获得力量。

⭐ **点滴积累，持续前行**。逆境中的进步可能很缓慢，但只要不放弃，每天进步一点点，积累起来，就能有很大的改变。

## 8. 视挫折为终点，还是将其作为跳板？

● **视挫折为终点的人**，在遇到挫折后便停下脚步，认为自己再也无法前进，让挫折成为自己人生的分水岭，从此一蹶不振。

● **将挫折作为跳板的人**，把挫折看作是人生中的一次考验和历练，能从挫折中汲取经验和教训，让自己站得更高、看得更远。如同跳高运动员，借助跳板的力量，跳得更高，超越过去的自己。

### 左丘明失明著《国语》

左丘明是春秋时期的史学家，他曾担任鲁国的史官，非常注重对历史事件的记载和整理。然而，命运却和他开了一个残酷的玩笑，他失明了。

许多人都以为他会就此放弃自己的事业，但左丘明没有这样做，而是把这次挫折当作自己人生的一次转折。他开始摸索着用其他方式继续自己的工作，他口述历史事件，让他人记录下来。

在这个过程中，他克服了常人难以想象的困难。看不见文字，他就凭借自己超强的记忆力回想过去的历史；无法亲自书写，他就反复口述，确保每一个细节都准确无误。

相传，经典的史学著作《国语》为左丘

明所作。《国语》记载了从西周到春秋时期各国的历史，为后人研究那段历史提供了宝贵的资料。

## 认知内核

**坚定信念：** 面对挫折，坚定的信念是支撑自己继续前行的精神支柱。

**转换思路：** 当一条路走不通时，不要固执己见。

**坚持不懈：** 把挫折当作跳板，需要有持之以恒的毅力，慢慢朝着目标迈进。

## 逆袭突围攻略

将挫折化为跳板的智慧，在于把局限转化为专注的契机，而非自我设限的理由。

⭐ **正视挫折，分析原因。** 遇到挫折后，不要急于否定自己，而要认真分析挫折产生的原因，从中吸取教训。

⭐ **调整方向，找新路径。** 如果原来的方式行不通，像左丘明那样，及时调整方向，寻找适合自己的新方法、新路径。

⭐ **持之以恒，积累力量。** 把挫折带来的痛苦转化为前进的动力，不断积累力量，等到时机成熟，便能借助挫折这个"跳板"实现飞跃。

## 9. 封闭自守，还是开放共赢？

● **封闭自守的人**，习惯独自生活在自己的小圈子里，不愿与他人交流合作，害怕受到外界的影响和伤害，最终使自己的视野越来越狭窄，发展受到限制。

● **开放共赢的人**，明白个人的力量是有限的，通过与他人合作可以实现优势互补，共同创造更大的价值。如同拼图，每一块拼图都有自己的位置，只有相互合作，才能拼成一幅完整的图画。

### 管仲与鲍叔牙合作成霸业

管仲和鲍叔牙是春秋时期的齐国人，两人从小就是好朋友。管仲家境贫寒，鲍叔牙则相对富裕，但这并没有影响他们之间的友谊。

他们曾一起做生意，管仲因为家里穷，常常多分一些利润，鲍叔牙知道后，并没有责怪他，反而理解他的难处。后来，两人分别辅佐齐国的公子纠和公子小白。

在争夺王位的过程中，管仲曾射中了小白的衣带钩，小白装死得以脱险。最终，公子小白成为齐国的国君，即齐桓公。齐桓公即位后，想让鲍叔牙担任相国，鲍叔牙却推荐了管仲。

鲍叔牙认为管仲的才能远在自己之上，只有管仲才能帮助齐桓公成就霸业。齐桓公听取了鲍叔牙的建议，不计前嫌，任命管仲为相国。

　　管仲担任相国后，在鲍叔牙的支持下，进行了一系列改革，使得齐国的国力日益强盛。他们两人相互配合、各展所长，最终帮助齐桓公成为春秋时期的第一位霸主。

## 认知内核

**相互理解**：合作的基础是相互理解和包容，能够站在对方的角度思考问题。

**优势互补**：合作可以让双方的优势得到充分发挥，弥补各自的不足。

**以大局为重**：要以共同的目标为重，不计较个人的恩怨和得失。

## 逆袭突围攻略

在学习与生活中，想要达成开放合作、互利共赢的局面，应具备宽广的胸怀和真诚的态度。

⭐ **放下偏见，主动交流**。不要被固有的观念所束缚，要像鲍叔牙那样，看到他人的优点，主动与他人交流，建立良好的合作关系。

⭐ **明确目标，分工合作**。在合作之前，要明确共同的目标，然后根据各自的优势进行分工，各司其职，提高合作的效率。

⭐ **相互信任，互利共赢**。合作的关键是相互信任，在合作过程中，要考虑到对方的利益，实现互利共赢，这样的合作才能长久。

## 10. 计较个人得失，还是重视团队成就？

● 计较个人得失的人，在团队中总把个人利益放在首位，为了一点小事就与他人发生争执，不顾团队的整体利益，最终影响团队的凝聚力和战斗力，自己也难以获得长远的发展。

● 重视团队成就的人，明白团队的成功才是个人成功的基础，愿意为了团队的整体利益牺牲个人的一些利益。如同球队中的球员，只有相互配合，才能赢得比赛的胜利，个人的价值也才能在团队中得到体现。

### 蔺相如顾全大局保赵国

蔺相如原本是赵国宦官缪贤的门客，后来因为完璧归赵和渑池之会中的出色表现，被赵王封为上卿，职位比赵国的大将军廉颇还要高。

廉颇对此很不服气，他认为自己为赵国立下了赫赫战功，而蔺相如只不过是靠耍嘴皮子得到了高位，他常常扬言要羞辱蔺相如。

蔺相如知道后，并没有与廉颇计较，而是尽量避开他。有一次，蔺相如外出，远远地看到了廉颇的车马，他赶紧让自己的车马躲进小巷里，等廉颇的车马过去后才出来。

蔺相如的门客对此很不解，认为蔺相如太胆小了。蔺相如解释说："我并不是害怕廉颇将军，我考虑的是，秦国之所以不敢攻打赵国，是因为有我和廉颇将军在。如果我们两个发生冲突，秦国就会趁机攻打赵国，到时候国家就危险了。我怎么能因为个人的恩怨而不顾国家的安危呢？"

廉颇听到蔺相如的话后，非常惭愧。他赤裸着上身，背着荆条，来到蔺相如的府上请罪。蔺相如见廉颇前来，赶紧热情地迎接他。从此，两人成为好朋友，共同辅佐赵王，保卫赵国的安全。

## 认知内核

**顾全大局：** 以团队的整体利益为重，不因为个人的得失而影响团队的发展。

**宽容大度：** 面对他人的误解和挑衅，要保持宽容的心态。

**相互尊重：** 相互尊重，看到对方的价值和贡献。

## 逆袭突围攻略

在团队合作中，要取得团队成就，需要具备宽广的胸怀和强烈的集体荣誉感。

⭐ **树立集体观念**。要认识到个人与团队的密切关系，把团队的利益放在首位，像蔺相如那样，为了团队的利益不计较个人得失。

⭐ **主动沟通，化解矛盾**。在团队中遇到矛盾和冲突时，要主动与对方沟通，说明自己的想法和立场，化解矛盾，维护团队的和谐。

⭐ **支持他人，共同进步**。在团队中，要积极支持他人的工作，帮助他人解决困难，与团队成员共同成长，实现团队的整体目标。

## 11. 嫉妒他人优秀，还是学习对手长处？

● 嫉妒他人优秀的人，看到别人比自己强时，心里会产生不满和怨恨，甚至会采取一些不正当的手段来打压对方，最终不仅不能让自己变得优秀，还会失去他人的信任和尊重。

● 学习对手长处的人，能够正视他人的优秀，把对手当作自己学习的榜样，从对手身上吸取优点和经验，不断提高自己。如同在赛跑中，看到对手跑得比自己快，并不会嫉妒，而是努力学习对手的跑步技巧，提高自己的速度。

### 孙权劝学：吕蒙的蜕变之路

孙权手下有一名将领，名叫吕蒙。他作战勇猛，屡立战功，却因年少时读书少，学识有所不足。

鲁肃是东吴的重要谋士，学识渊博。起初，吕蒙对鲁肃心存芥蒂，认为自己在战场上出生入死，比靠文才受器重的鲁肃更有贡献。

孙权察觉此事后，劝告吕蒙应当用心学习，然而吕蒙却以军中事务繁忙为由加以推辞。孙权继续说："我并非要你钻研经学，成为博学之士，只是希望你粗略地阅读，了解历史罢了。要说事务繁多，谁能比得上我？我时常读书，从书中获益良多。"

> 黑马：强者逆袭思维

吕蒙听从了孙权的劝说，开始潜心学习，见识与谋略日渐长进。后来，鲁肃途经寻阳，与吕蒙交谈，对他的见解大为惊讶，感叹道："你如今的才干和谋略，已不再是当年吴地的那个吕蒙了。"

吕蒙笑着说："与读书之人分别多日，就该用新的眼光看待他，兄长怎么这么晚才明白呢？"此后，鲁肃便对吕蒙刮目相看，两人结为好友。吕蒙也从最初的心态转变为虚心向学，最终成为一名智勇双全的将领。

## 🔍 认知内核

**正视差距**：看到他人比自己优秀时，要勇于承认自己的不足。

**虚心学习**：把优秀的对手当作学习的对象，不断完善自己。

**放下骄傲**：不因为自己的成就而骄傲自满，始终保持谦虚的态度。

## 逆袭突围攻略

> 向对手学习的前提，是放下偏见看见他人的长处，拥有正视自己不足的勇气和虚心求教的态度。

⭐ **调整心态，正视优秀**。当看到他人优秀时，不要产生嫉妒心理，而是要从心里认可他人的成就，把嫉妒转化为学习的动力。

⭐ **观察分析，找出长处**。认真观察对手的优点和长处，分析他们之所以优秀的原因，然后结合自己的实际情况，学习他们的经验和方法。

⭐ **主动请教，弥补不足**。对于自己不擅长的方面，要主动向对手请教，虚心听取他们的意见和建议，努力弥补自己的不足。

## 12. 背后议论他人，还是当面真诚沟通？

● **背后议论他人的人**，喜欢在别人背后说三道四，传播谣言，这样不仅会破坏人际关系，还会让自己失去他人的信任。如同在背后捅刀子，虽然不会直接伤害到对方的身体，却会伤害到对方的心灵。

● **当面真诚沟通的人**，遇到问题时会直接与对方交流，说出自己的想法和感受，这样可以避免误解和矛盾的产生，增进彼此的了解和信任。如同打开窗户通风，让新鲜的空气进入，使室内的环境更加清新。

### 魏徵直言进谏助太宗

魏徵是唐太宗时期的大臣，他以直言进谏而闻名。在唐太宗统治时期，魏徵常常在朝堂上直接指出唐太宗的错误和不足，毫不避讳。

有一次，唐太宗想修建一座宫殿，魏徵知道后，却直接在朝堂上劝谏唐太宗不要那样做。唐太宗虽然心里有些不高兴，但他知道魏徵是为了国家和百姓着想，于是他接受了魏征的建议，放弃了修建宫殿的想法。

还有一次，唐太宗因为一件小事，要处罚一位大臣，魏徵认为唐太宗的处罚过于严厉，他直接在朝堂上为那位大臣辩解，说明事情的原委，唐太宗最终听取了魏徵的意见，减轻了对那位大臣的处罚。

正是因为魏徵敢于当面真诚地与唐太宗沟通，指出他的错误和不足，唐太宗才能及时改正自己的缺点，实行一系列有利于国家发展的政策，开创了"贞观之治"的盛世局面。

## 认知内核

**真诚坦率：** 当面沟通要真诚坦率，让对方了解自己的真实意图。

**以理服人：** 用道理来说服对方，而不是靠情绪和气势压人。

**出于公心：** 当面指出他人的错误，要出于公心，而不是为了报复和羞辱对方。

## 逆袭突围攻略

真诚沟通的力量，在于以坦诚的态度直面问题，而非通过回避来积累矛盾。与此同时，也需留意沟通的方式。

⭐ **勇于表达，直面问题。** 遇到问题时，不要害怕与对方发生冲突，要勇敢地当面表达自己的想法和感受，直面存在的问题。

⭐ **注意方式，尊重对方。** 在沟通时，要注意自己的语气和措辞，尊重对方的人格和感受，不要使用攻击性的语言。

⭐ **以解决问题为目标。** 沟通的目的是解决问题，而不是争输赢。在沟通过程中，要把重点放在如何解决问题上，共同寻找最佳的解决方案。

## 13. 放纵欲望享乐，还是自律自强不息？

- **放纵欲望享乐的人**，容易被眼前的舒适和快感所迷惑，沉迷于吃喝玩乐之中，失去对生活的掌控力，最终在安逸中消磨掉自己的意志和斗志，一事无成。

- **自律自强不息的人**，能够克制自己的欲望，不为眼前的享乐所诱惑，始终保持积极向上的心态，不断努力提升自己。如同钟表里的发条，只有时刻保持紧绷的状态，才能准确地运转，实现自己的价值。

### 司马光以警枕自励著《资治通鉴》

司马光生在北宋时期，他小时候记忆力并不出众，常常因为背不出书而受到先生的批评。但他没有因此而放弃，而是更加努力地学习，并且养成了自律的好习惯。

司马光编写《资治通鉴》时，付出了巨大的努力。他每天都坚持工作到深夜，天亮就起床，无论严寒酷暑，从未间断。在编写过程中，他需要查阅大量的资料，有时候为了一个历史事件的细节，他会翻阅数十种书籍，直到弄清楚为止。

有一次，他的朋友来看望他，看到他的书房里堆满了书籍和手稿，劝他休息一下。司马光却说自己时间很紧，还有很多工作没有完成，不能浪费时间。

经过19年的努力，司马光终于完成了《资治通鉴》

这部巨著。这部书涵盖了从战国到五代十国的历史,共294卷,是中国历史上一部重要的编年体史书。

## 认知内核

**克制欲望:** 不被眼前的享乐所诱惑,保持清醒的头脑。

**坚持不懈:** 无论遇到多大的困难和挫折,都要坚持下去,不轻易放弃。

**珍惜时间:** 懂得珍惜每一分每一秒,把时间用在有意义的事情上。

## 逆袭突围攻略

在生活中,要做到自律自强,须具备坚定的意志与良好的习惯。

⭐ **设定目标,明晰方向。** 为自己设定一个清晰明确的目标,清楚地知晓自己的追求,如此方能拥有克制自身欲望、努力拼搏奋斗的动力。

⭐ **制定计划,严格落实。** 如同司马光一般,制定一份详尽的计划,并严格依照计划去执行,以此培养自身的自律能力。

⭐ **自我约束,适时调整。** 当想要放纵欲望时,要及时自我提醒,约束自身行为,重回正确的轨道。

## 14. 虚度宝贵光阴，还是珍惜每寸光阴？

● **虚度光阴的人**，每天都无所事事，把时间浪费在无聊的事情上，不知道时间的珍贵，等到年老时才后悔莫及，却已经无法挽回。

● **珍惜光阴的人**，明白时间一去不复返，能够充分利用每一分每一秒，做有意义的事情，不断积累知识和经验，让自己的人生变得充实而有价值。如同农民珍惜每一个农时，在合适的时间播种、施肥、收割，才能获得丰收。

### 詹天佑少年苦读归国筑铁路

詹天佑出生在一个普通的家庭，小时候就非常聪明好学。他知道家里条件不好，只有通过努力学习才能改变自己的命运，所以他格外珍惜时间，努力学习。

幼时，詹天佑被选中出国留学。在国外，他深知学习机会来之不易，更加努力地学习知识。他每天都早早地来到学校，认真听老师讲课，课后还会花大量的时间来复习和预习。

在留学期间，他掌握了扎实的工程知识，为他后来的工作奠定了坚实的基础。

回国后，詹天佑投身于中国的铁路建设事业。当时，中国的铁路建设技术还很落后，很多重要的铁路工程都被外国人垄断。詹天

佑立志要为中国修建一条自己的铁路。

他担任京张铁路的总工程师时，面临着巨大的困难。这条铁路沿线地形复杂，有很多高山和峡谷，修建难度很大。但詹天佑没有退缩，他每天都深入施工现场，指挥工人施工，常常工作到深夜。

为了节省时间，提高工作效率，他设计了"人"字形铁路，解决了火车爬坡的难题。经过几年的努力，京张铁路终于建成通车，这是中国第一条由中国人自己设计和修建的铁路。

## 认知内核

**抓住机遇：** 时间是公平的，要及时抓住机遇，实现自己的目标。

**努力奋斗：** 把时间用在关键地方，不断提高自己的能力和素质。

**创造价值：** 应在有限的时间内，去做具有学习价值的事情。

## 逆袭突围攻略

在求学之路上，珍惜每一寸光阴，需要具备明确的目标以及高效的时间管理能力。

⭐ **合理规划时间。** 制定一个时间计划表，把每天的时间合理分配到学习、工作和休息上，提高时间的利用效率。

⭐ **专注当下。** 做事情的时候要专注，不要三心二意，集中精力完成手头的工作，这样才能按时完成任务。

⭐ **不断学习。** 像詹天佑那样，把时间用在学习上，不断积累知识和经验，提高自己的能力，为未来的发展做好准备。

## 15. 被动沉迷娱乐，还是主动管理时间？

● 被动沉迷娱乐的人，容易被各种娱乐方式所吸引，不知不觉中就浪费了大量的时间，让自己的生活变得越来越空虚，失去了前进的动力。

● 主动管理时间的人，能够合理安排自己的时间，不被娱乐所左右，让时间得到充分利用，提高自己的生活质量和工作效率。

### 孙敬悬梁苦读成大儒

孙敬是汉朝时期的著名学者，他从小就非常喜欢读书，渴望能够成为一名有学问的人。

孙敬把大部分时间都用在了读书上。他每天都很早就起床读书，一直读到深夜。有时候，他读着读着就会犯困，为了不让自己睡着，他想出了一个办法。

他找来一根绳子，一头绑在自己的头发上，另一头绑在房梁上。这样，当他打瞌睡的时候，头一低，绳子就会拉住他的头发，疼痛会让他立刻清醒过来，继续读书。

孙敬就这样坚持了很多年，无论遇到多大的困难，他都没有放弃。他读了很多书，掌握了丰富的知识，最终成为一名著名的大儒，受到了人们的尊敬和爱戴。

黑马：**强者逆袭思维**

## 认知内核

**自我约束：** 适度抵制娱乐的诱惑，把时间用在有意义的事情上。

**明确目标：** 主动管理时间，为实现目标而努力奋斗。

**坚持不懈：** 时间管理不是一蹴而就的事，需要长期坚持，养成良好的习惯。

### 逆袭突围攻略

*主动管理时间，除了需要坚强的意志，还讲究科学的方法。*

⭐ **制定计划，严格执行**。给自己制定一个详细的时间计划，明确每天要做的事情和时间安排，并且严格按照计划执行。

⭐ **抵制诱惑，专注学习**。像孙敬那样，当自己想要沉迷娱乐的时候，要及时提醒自己，抵制诱惑，把注意力转移到学习和工作上。

⭐ **合理休息，提高效率**。主动管理时间并不是说不能休息和娱乐，而是要合理安排休息和娱乐的时间，让自己能够以更好的状态投入到学习和工作中，提高效率。

## 16. 被动依赖提醒，还是自主规划？

● **被动依赖提醒的人**，做事情总是缺乏主动性，需要别人不断地提醒和催促才能完成，这样不仅会耽误事情的进度，还会让人觉得不可靠，难以承担重要的任务。

● **自主规划的人**，能够主动地安排自己的学习、工作和生活，不需要别人的提醒就能按时完成任务，并且能够根据实际情况及时调整自己的计划。如同一个导航系统，能够提前规划好路线，并且在遇到突发情况时，能及时调整，确保顺利到达目的地。

### 祖冲之自主钻研推算圆周率

祖冲之是南朝时期的数学家和天文学家，他从小就对数学和天文学有着浓厚的兴趣。他不像其他孩子那样，需要父母和老师的提醒才会学习，而是能够自主规划自己的学习时间和内容。

在学习过程中，祖冲之发现当时人们使用的圆周率不够精确，这给数学计算和天文观测带来了很大的不便。于是，他决定自主钻研，推算出更精确的圆周率。

为了实现这个目标，祖冲之制定了详细的学习和研究计划。他每天都抽出大量的时间阅读古代的数学著作，学习前人的研究成果。同时，他还进行了大量的计算和实验，不断改进自己的计算方法。

那时候，没有先进的计算工具，所有的计算都需要用算筹（中国古代的计算方法之一）来完成。祖冲之常常因为一个数据的计算

3.1415926

而花费几天甚至几个月的时间，但他从未放弃，始终坚持自己的研究。

经过多年的努力，祖冲之终于推算出圆周率在 3.1415926 和 3.1415927 之间，这一成果比欧洲早了 1 000 多年，是当时世界上最精确的圆周率数值。

## 认知内核

**主动进取**：积极地寻找问题、解决问题，而不是等待别人的安排。

**明确计划**：制定明确的计划和目标，并且按照计划一步步地实施。

**坚持不懈**：在遇到困难和挫折时，能够保持坚定的信念，不断努力。

## 逆袭突围攻略

*自主规划并非盲目行事，而是需要进行自主钻研，并且在规划过程中保持坚持不懈的精神。*

⭐ **树立主动意识**。要认识到自主规划的重要性，培养自己的主动意识，不要总是依赖别人的提醒和催促。

⭐ **制定详细计划**。像祖冲之那样，根据自己的目标制定详细的计划，明确每个阶段要完成的任务和时间节点。

⭐ **定期检查调整**。在实施计划的过程中，要定期检查自己的进度和效果，根据实际情况及时调整计划，确保计划的可行性和有效性。

## 17. 因循守旧，还是勇于突破创新？

● **因循守旧的人**，总是习惯于按照传统的方式做事，不愿意尝试新的方法和思路，害怕改变会带来风险，最终会被时代所淘汰。

● **勇于突破创新的人**，敢于挑战传统，打破常规，不断探索新的方法和途径，能够在变化的环境中抓住机遇，实现自己的价值。

### 毕昇发明活字印刷术

毕昇是北宋时期的一个平民，他长期从事印刷工作。当时，人们使用的是雕版印刷术，这种方法需要先在木板上雕刻文字，然后再进行印刷。雕版印刷术不仅费时费力，而且如果发现一个字雕刻错了，整个木板就会报废，非常不方便。

毕昇觉得这种印刷方法太落后了，他一直在思考有没有更好的印刷方法。

他想：如果把每个字都做成一个单独的泥块，然后按照文章的内容排列起来，进行印刷，用完之后还可以拆下来重复使用，这样不就可以节省很多时间和精力了吗？

于是，毕昇开始动手试验。他先用胶泥做成一个个小方块，在每个方块上刻上一个字，然后把这些泥块放在火里烧硬，制成了一个个活字。

在印刷的时候，他把这些活字按照文章的内容排列在一个铁框里，用松脂和蜡把它们固定好，然后就可以进行印刷了。印刷完成后，把铁框加热，松脂和蜡融化后，就可以把活字拆下来，下次还可以继续使用。

毕昇发明的活字印刷术，克服了雕版印刷术的缺点，大大提高了印刷效率，降低了印刷成本。后来，这种印刷术逐渐传播到世界各地，对人类文明的发展产生了深远的影响。

## 认知内核

**敢于质疑**：突破创新的第一步是敢于质疑传统，不盲目相信现有的成果。

**勇于尝试**：有了新的想法后，要勇于尝试，在实践中不断完善自己的想法。

**注重实践**：要结合实际情况，注重实践，把想法转化为实际的成果。

## 逆袭突围攻略

*创新并非空想，而是需要具备敢于挑战的勇气、善于思考的能力，并且勇于付诸实践。*

⭐ **培养质疑精神**。不要轻易轻信传统的做法与观点，要勇于提出自身的疑问和想法。

⭐ **拓宽思路**。像毕昇一样，从不同角度思索问题，拓展自身的思维边界，探寻全新的解决办法。

⭐ **大胆实践**。萌生新想法后，需果敢地付诸实践，在实践中积累经验，持续改进并完善自身的创新成果。

## 18. 迷信权威教条，还是敢于质疑挑战？

● **迷信权威教条的人**，总是把权威的话当作真理，把教条当作不可逾越的准则，不敢有丝毫的怀疑和挑战，最终会失去自己的判断力和思考能力，变得盲从和愚昧。

● **敢于质疑挑战的人**，能够保持独立的思考，不被权威和教条所束缚，敢于对不合理的事情提出自己的看法和观点，能够在质疑和挑战中不断进步。如同科学家，能够通过实验和观察，对权威的理论提出质疑，从而推动科学的发展。

### 李时珍亲尝百草完成《本草纲目》

李时珍出生在一个医学世家，他从小就对医学有着浓厚的兴趣。长大后，他继承了家传的医术，成为一名医生。在行医过程中，李时珍发现古代的医药书籍中存在很多错误和不足之处。

有些医药书籍对药物的记载不准确，有些甚至把有毒的药物当作无毒的药物来记载。受此启发，李时珍决定重修一部准确、完整的本草书籍。

为了完成这部著作，李时珍花费了27年的时间。他不仅查阅了800多种古代医药书籍，还亲自到各地去采集药物标本，拜访了很多有经验的医生、药农和猎人。

黑马：强者逆袭思维

经过多年的努力，李时珍终于完成了《本草纲目》这部巨著。这部书收录了 1 892 种药物，附有 1 109 幅药图，是中国古代医药学的经典著作。

## 🔍 认知内核

- **独立思考**：敢于质疑挑战，能够对权威和教条进行分析和判断，不盲从。
- **注重实践**：质疑和挑战不能只停留在口头上，要通过实践来检验真理。
- **勇于负责**：要对自己的质疑和挑战负责，确保自己的观点有依据。

### 逆袭突围攻略

> 要有挑战权威的底气，用实践验证真理，而非在盲从中标榜"正确"。对于权威的观点，不要盲目相信，要通过自己的实践去检验其正确性，用实践来证明自己的判断，而不是随波逐流。

⭐ **培养独立思考能力**。不要轻易被权威和教条所左右，要学会自己思考和分析问题，形成自己的观点。

⭐ **积累知识和经验**。像李时珍那样，通过不断学习和实践，积累丰富的知识和经验，为自己的质疑和挑战提供依据。

⭐ **敢于提出见解**。在发现权威和教条存在问题时，要敢于提出自己的见解和观点，并且通过实践来证明自己的正确性。

## 19. 畏惧改变风险，还是主动拥抱变革？

● **畏惧改变风险的人**，总是害怕改变会带来不确定的后果，习惯于在稳定的环境中生活和工作，不愿意冒险尝试新的事物，最终会失去发展的机会。

● **主动拥抱变革的人**，能够认识到变革是时代发展的必然趋势，敢于面对变革带来的风险和挑战，能够在变革中寻找机遇，实现自己的价值。如同航海家，能够在变幻莫测的大海中把握航向，到达新的彼岸。

### 商鞅力推变法助秦国强盛

商鞅是战国时期的政治家，他来到秦国后，看到秦国的国力比较弱小，制度也比较落后，于是向秦孝公提出了变法的主张。

秦孝公虽然支持商鞅的变法主张，但变法遭到了很多守旧大臣的反对。他们认为变法会破坏传统的制度和秩序，带来很多风险和不稳定因素。

商鞅却认为，只有通过变法，才能改变秦国的落后面貌，实现强国富民的目标。他不顾守旧大臣的反对，坚决推行变法。

商鞅的变法内容包括废除世袭贵族的特权、奖励耕织和军功、推行郡县制等。这些变法措施触犯了很多贵族的利益，遭到了他们的强烈抵制和反对。

黑马：强者逆袭思维

有一次，秦国的太子触犯了变法的规定，商鞅认为王子犯法与庶民同罪，于是依法处罚了太子的老师。这一举措虽然引起了很多人的不满，但也让人们看到了商鞅推行变法的决心。

在商鞅的坚持下，变法终于取得了成功。秦国的经济迅速发展，军队的战斗力也大大增强，成为战国时期最强大的国家，为后来秦始皇统一中国奠定了坚实的基础。

## 认知内核

**洞察趋势：** 能够判断事物发展的趋势，提前做好准备。

**坚定信念：** 要有坚定的信念和顽强的毅力，才能坚持下去。

**勇于担当：** 敢于承担变革带来的风险和责任。

## 逆袭突围攻略

*拥抱变革的勇气，是用远见对抗阻力，而非在安稳中等待淘汰。*

⭐ **坚定决心，克服阻力。** 尝试新挑战时，不被质疑声动摇，一步一步解决麻烦，坚持下去就赢了一半。

⭐ **灵活应变，调整策略。** 小组合作、做方案时，根据大家反应或实际问题换思路，事情就能成。

## 20. 空谈理论道理，还是躬身实践？

- 空谈理论道理的人，只会夸夸其谈，把理论说得头头是道，却不愿意付诸实践，这样的理论没有任何实际意义，终究是纸上谈兵。

- 躬身实践的人，能够把理论和实践结合起来，用实践来检验理论的正确性，在实践中不断完善和发展理论，让理论发挥出实际的作用。如同建筑师，不仅要有扎实的理论知识，还要亲自动手建造，才能把图纸上的建筑变成现实。

### 王阳明龙场悟道

王阳明是明代著名的思想家、军事家。他年轻时就对儒家学说有着浓厚的兴趣，并且广泛学习各种理论知识。但他发现，很多学者只是空谈理论，却不能将理论运用到实际生活中，解决实际问题。

于是，王阳明开始注重实践，他认为只有通过实践，才能真正理解和掌握理论。他被贬到龙场后，虽然环境艰苦，但他并没有放弃对学问的追求。

在龙场，王阳明每天都深入思考儒家学说的内涵，并且结合自己的生活经历和实践经验，不断探索新的思想。他在一个寒冷的夜晚，突然领悟到"心即理"的道理，这就是著名的"龙场悟道"。

王阳明认为，心是宇宙的本原，也是道德的根源，人们不需要向外寻求真理，只要向自己的内心去探求，就能够找到真理。他提出的"知行合一"的思想，强调理论和实践的统一，认为知和行是不可分割的，只有通过实践，才能真正获得知识。

王阳明不仅提出了自己的思想理论,还把这些理论运用到实际工作中。他在平定宁王之乱、治理地方等工作中,都运用了自己的思想和方法,取得了显著的成效。

## 认知内核

**理论指导实践**:理论必须与实践相结合,才能发挥出应有的作用。

**实践检验理论**:只有通过实践,才能检验理论的正确性,发现理论的不足之处。

**在实践中创新**:要不断创新和发展理论,才能推动理论的进步。

## 逆袭突围攻略

> 理论是实践的基础,能够为实践提供指导和方向。而躬身实践,需要有脚踏实地的态度和勇于探索的精神。

⭐ **理论联系实际**。把学到的知识用到生活中,解决实际问题。

⭐ **勇于尝试,不怕失败**。实践时多试试新方法、新思路,就算失败了也别怕,从错处学经验,慢慢提高做事的能力。

⭐ **总结经验,完善想法**。任务完成后,要及时总结经验,根据实际情况完善内心想法。

## 21.推诿逃避责任,还是主动担当重任?

- **推诿逃避责任的人**,在遇到问题和困难时,总是想方设法推卸自己的责任,不愿意承担后果,这样的人得不到别人的信任和尊重,也无法在工作和生活中取得成功。

- **主动担当重任的人**,在面对问题和困难时,能够勇敢地站出来,承担起自己的责任,积极寻找解决问题的方法,这样的人能够赢得别人的信任和尊重,在工作和生活中取得更大的成就。

### 诸葛亮受托孤重任辅蜀汉

诸葛亮是三国时期蜀汉的丞相,他足智多谋,忠心耿耿,深受刘备的信任和器重。

刘备在白帝城临终前,把自己的儿子刘禅托付给诸葛亮,希望他能够辅佐刘禅治理好蜀汉。诸葛亮向刘备保证,一定会尽心尽力辅佐刘禅,鞠躬尽瘁,死而后已。

刘备去世后,诸葛亮承担起了辅佐刘禅的重任。当时,蜀汉的国力比较弱小,面临着曹魏和东吴的威胁。诸葛亮深知自己责任重大,他兢兢业业,勤奋工作,为了蜀汉的发展付出了巨大的努力。

他积极发展生产,整顿吏治,训练军队,不断提高蜀汉的国力。他还多次率军北伐,希望能够实现刘备兴复汉室的遗愿。在北伐过程

黑马：强者逆袭思维

中，诸葛亮遇到了很多困难和挫折，但他从未退缩，始终坚持自己的信念。

诸葛亮就这样一直为蜀汉操劳，直到最后病逝在五丈原。他用自己的一生践行了对刘备的承诺，成为中国历史上著名的忠臣。

### 认知内核

**忠诚负责：** 对自己的工作和承诺负责。

**勇于面对：** 在面对困难和挫折时，积极寻找解决问题的方法。

**以身作则：** 用自己的行动影响和带动身边的人，共同为实现目标而努力。

### 逆袭突围攻略

> 在学习和生活中，担当重任的前提，是有一颗不计得失的责任心，而非在推诿中逃避使命。

⭐ **勇于承担，不找借口。** 像诸葛亮那样，在遇到问题时，勇于承担自己的责任，不找任何借口推卸责任。

⭐ **积极行动，解决问题。** 担当重任不能只停留在口头上，要积极采取行动，寻找解决问题的方法，努力克服困难。

⭐ **以身作则，率先垂范。** 以身作则，用自己的实际行动为身边的人树立榜样，带领大家共同完成任务。

## 22. 只顾个人利益，还是心系家国天下？

● **只顾个人利益的人**，眼中只有自己的得失，为了个人利益不择手段，甚至不惜损害国家和集体的利益，这样的人最终会遭到别人的唾弃和反对。

● **心系家国天下的人**，能够把个人利益和国家、集体的利益结合起来，为了国家和人民的利益不惜牺牲个人利益，这样的人能够得到人民的尊敬和爱戴，名垂青史。如同英雄，在国家和人民需要的时候，挺身而出，为国家和人民的利益奋斗终身。

### 林则徐虎门销烟抗外侮

林则徐是清朝时期的著名政治家，他一生都在为国家和人民的利益而奋斗。当时，英国商人向中国大量倾销鸦片，不仅严重损害了中国人民的身体健康，还导致中国的白银大量外流，国家财政陷入困境。很多人因为吸食鸦片而家破人亡，社会秩序也受到了严重的影响。

林则徐看到这种情况后，非常痛心，他坚决主张禁止鸦片贸易。他向道光皇帝上书，陈述鸦片的危害，请求道光皇帝下令禁烟。

道光皇帝采纳了林则徐的建议，任命他为钦差大臣，前往广州禁烟。林则徐到达广州后，立即采取了一系列严厉的禁烟措施。他下令收缴英国商人的鸦片，并要求他们保证不再向中国贩卖鸦片。

英国商人不愿意交出鸦片，林则徐就派兵包围了英国商馆，迫使他们交出了鸦片。在林则徐的坚决斗争下，英国商人共交出了20 000

余箱鸦片，总重量约 230 多万斤。

林则徐的虎门销烟沉重打击了英国侵略者的嚣张气焰，维护了中国的民族尊严和国家利益。但英国侵略者却以此为借口，发动了鸦片战争。林则徐积极组织军队抵抗英国侵略者，但由于清政府的腐败无能，鸦片战争最终以中国失败告终。

林则徐虽然遭到了清政府的革职和流放，但他心系家国天下的精神却永远值得我们学习。

## 认知内核

**爱国情怀：** 热爱自己的国家和人民，为国家和人民的利益而奋斗。

**无私奉献：** 为了国家和人民的利益，贡献自己的力量。

## 逆袭突围攻略

*心系家国天下，需要有深厚的爱国情感和强烈的社会责任感，同时让情怀落地为行动。*

⭐ **顾全大局，牺牲小我**。像林则徐那样，树立大局意识，在个人利益和国家利益发生冲突时，勇于牺牲个人利益，维护国家利益。

⭐ **关注社会，勇于担当**。要关注社会发展和国家命运，在国家和人民需要的时候，勇于担当起自己的责任，为国家和社会的发展贡献自己的力量。

⭐ **身体力行，践行使命**。心系家国天下，不能只停留在口号上，要通过自己的实际行动践行自己的使命，为国家和人民做实事、做好事。

## 23. 遇难畏缩不前，还是勇挑时代使命？

● 遇难畏缩不前的人，在面对困难和挑战时，总是胆小怕事，退缩逃避，不敢承担时代赋予的使命，这样的人永远无法实现自己的人生价值。

● 勇挑时代使命的人，能够在困难和挑战面前挺身而出，勇敢地承担起时代赋予的责任，为了实现理想和目标而努力奋斗，这样的人能够成为时代的英雄，被后人铭记。如同先锋，在时代的浪潮中，勇敢地冲在前面，为时代的发展开辟道路。

### 文天祥临危受命明志

文天祥是南宋时期的著名政治家、文学家，他生活的时代，南宋正面临着蒙古军队的大举进攻，国家处于生死存亡的关头。

文天祥从小就有远大的志向，他立志要为国家和人民做一番大事业。长大后，他考中进士，踏入仕途。在国家危难之际，文天祥毅然放弃了安逸的生活，投身到抗元斗争中。

元军大举进攻南宋时，南宋朝廷一片混乱，很多大臣都主张投降。文天祥却坚决反对投降，他主动请求朝廷给他一支军队，他要率军抵抗元军。

宋恭帝任命文天祥为右丞相，派他前往元军大营谈判。文天祥在谈判中，不畏元军的威胁利诱，坚决维护南宋的尊严。元军将领见文天祥不肯屈服，就把他关押了起来。

后来，文天祥趁机逃脱，他继续组织军队抗击元军。他率领军队转战各地，多次击败元军的进攻。但由于南宋朝廷的腐败无能和元军的强大，文天祥的抗元斗争最终失败了。

文天祥兵败被俘后，在狱中写下了著名的《过零丁洋》，表达了他对国家和民族的忠诚，以及视死如归的精神。最终，文天祥被元军杀害，年仅47岁。

## 认知内核

**坚定信念**：勇挑时代使命需要有坚定的信念和崇高的理想。

**勇于斗争**：在遭遇困难与挑战之际，为了国家和人民的利益，奋勇前行。

## 逆袭突围攻略

> 勇挑时代使命，当遭遇危难之际，需坚守自身的信念与初心，果敢地肩负起使命，切勿因恐惧而舍弃自己的责任。

⭐ **树立理想，明确使命**。像文天祥那样，树立远大的理想，明确自己的时代使命，为了实现理想和使命而努力奋斗。

⭐ **勇于担当，敢于斗争**。在时代需要的时候，要勇于担当起自己的责任，敢于同困难和挑战进行斗争，不退缩、不畏惧。

⭐ **坚守气节，宁死不屈**。在面对诱惑和威胁时，要坚守自己的气节和信念，宁死不屈，用自己的行动诠释对国家和人民的忠诚。

## 24. 明哲保身沉默，还是为正义发声？

● **明哲保身沉默的人**，在面对不公和正义受到践踏时，为了保全自己而选择沉默，不敢挺身而出，这样的人虽然暂时保全了自己，但让正义得不到伸张，最终会助长邪恶的气焰。

● **为正义发声的人**，能够在正义受到侵害时，勇敢地站出来，说出真相，维护正义，这样的人可能会面临各种风险和困难，但却能够得到人民的尊敬和支持，让正义得到伸张。如同勇士，在邪恶面前毫不畏惧，用自己的力量捍卫正义。

### 海瑞备棺死谏守正义

海瑞是明朝时期的著名清官，他一生都在为正义和公平而奋斗。

当时，明朝的政治腐败，官员贪污受贿成风，百姓生活困苦。很多官员为了自己的利益，对朝廷的弊端视而不见，不敢向皇帝进谏。

海瑞却看不惯这种现象，他决定向皇帝进谏，揭露朝廷的弊端，请求皇帝进行改革。但他知道，向皇帝进谏是一件非常危险的事情，弄不好会掉脑袋。

为了能够安心进谏，海瑞提前买好了一口棺材，并且把自己的家人托付给了朋友。然后，海瑞向嘉靖皇帝呈上了一份奏折，在奏折中，他严厉批评了嘉靖皇帝沉迷修道、不理朝政、任用奸臣等行为，指出了朝廷存在的各种弊端。

嘉靖皇帝看到奏折后，非常生气，下令把海瑞抓起来，关进了监狱。很多人都以为海瑞这次死定了，但嘉靖皇帝在仔细思考海瑞的奏折后，也认识到了自己的错误，并没有处死海瑞。

后来，嘉靖皇帝去世，隆庆皇帝即位，海瑞被释放出狱。他出狱后，继续担任官职，仍然坚持为正义发声，严惩贪官污吏，为百姓做了很多好事。

## 认知内核

**坚守正义**：能够明辨是非，始终站在正义的一边。
**敢于直言**：敢于直言不讳，说出真相，指出问题的所在。

## 逆袭突围攻略

> 为正义发声的勇气，意味着让原则战胜顾虑，而非在沉默中纵容不公现象。这要求我们具备坚定的正义感和勇敢无畏的精神。

⭐ **明辨是非，坚守原则**。学习海瑞分得清对错，牢牢守住内心底线，绝不被利益诱惑而动摇。

⭐ **勇于发声，无惧挑战**。当正义受侵害时，勇敢站出来发声，不畏惧挑战与困难。

⭐ **做好准备，理性行动**。为正义发声前做足准备，用理性的方式维护正义，兼顾安全与初心。

## 25. 目光短浅狭隘，还是胸怀远大理想？

- **目光短浅狭隘的人**，只看到眼前的利益和得失，没有长远的打算和目标，这样的人很难取得大的成就，最终会在人生的道路上迷失方向。

- **胸怀远大理想的人**，能够树立长远的目标，为了实现理想而不懈努力，即使遇到困难和挫折也不轻易放弃，这样的人能够在人生的道路上不断前进，取得辉煌的成就。如同雄鹰，能够翱翔在高空，俯瞰大地，有着清晰的视野和目标。

### 张骞出使西域开丝路

张骞是西汉时期的探险家、外交家，他有着远大的理想和抱负。

当时，西汉王朝受到匈奴的威胁，汉武帝想联合西域的大月氏共同抗击匈奴。但西域路途遥远，环境恶劣，而且要经过匈奴的领地，出使西域是一件非常危险的事情。

张骞知道出使西域的危险，但他为了国家的利益，毅然接受了汉武帝的任命，带领100多名随从踏上了出使西域的征程。

张骞一行人行至河西走廊时，被匈奴人发现并俘虏。匈奴人把他们关押了起来，想让他投降，但张骞始终没有忘记自己的使命，他一直在寻找机会逃脱。

终于，张骞趁匈奴人放松警惕的时候，带着少数随从逃脱了。他们继续向西行进，历经千辛万苦，终于到达了大月氏。但大月氏已经不愿意再与匈奴为敌，张骞的联合计划没有成功。

张骞并没有气馁，他在西域停

留了一年多的时间，考察了西域的风土人情、地理环境和物产资源，然后踏上了返回汉朝的路程。在返回途中，张骞再次被匈奴人俘虏，又被关押了一年多，后来才再次逃脱。

张骞出使西域前后历时13年，出发时的100多人，回来时只剩下他和一名随从。但他带回了大量关于西域的信息，为汉武帝了解西域、制定对西域的政策提供了重要的依据。

后来，张骞再次出使西域，加强了汉朝和西域各国的联系。他开辟的丝绸之路，促进了汉朝和西域各国的经济文化交流，对中国历史的发展产生了深远的影响。

## 认知内核

**心有目标**：树立长远的目标，不被眼前的困难和挫折吓倒。

**坚持不懈**：在实现目标的漫长道路上不断前行，不轻易放弃。

**拓展视野**：了解更广阔的世界，为实现目标积累知识和经验。

## 逆袭突围攻略

> 心怀理想的力量，让远方的目标引领脚下的路，而非在眼前的庸碌中迷失自我。

⭐ **树立长远目标**。像张骞那样，树立一个长远的目标，并且为了实现这个目标不断努力，不被眼前的困难所阻挡。

⭐ **勇于探索，不畏艰难**。在实现理想的过程中，要勇于探索未知的领域，不怕困难和危险，不断挑战自己。

⭐ **积累经验，拓展视野**。要不断学习和积累经验，拓展自己的视野，为实现远大理想做好充分的准备。

## 26. 计较眼前得失，还是谋划长远发展？

- **计较眼前得失的人**，总是把目光集中在眼前的利益上，为了一点小利而斤斤计较，甚至牺牲长远的发展，这样的人最终会因小失大，难以成就大事业。

- **谋划长远发展的人**，能够着眼于未来，为了长远的利益而放弃眼前的小利，制定长远的规划和目标，并且一步步地去实现，这样的人能够在长远的发展中取得更大的成功。如同下棋，有远见的棋手总是着眼于全局，为了最终的胜利而牺牲局部的利益。

### 李冰修都江堰泽后世

李冰是战国时期秦国的水利专家，他被秦昭王任命为蜀郡太守，负责治理蜀地。当时，蜀地经常发生水灾和旱灾，严重影响了当地的农业生产和人民的生活。

李冰到任后，并没有只关注眼前的政绩，而是开始谋划蜀地的长远发展。他经过实地考察，决定修建一座大型水利工程——都江堰。

这个工程规模宏大，需要耗费大量的人力、物力和财力，而且短期内很难看到成效。很多人都不理解，认为李冰不应该把有限的资源投入到这样一个长远的工程中。

但李冰认为，修建都江堰能够从根本上解决蜀地的水旱灾害问题，有利于蜀地的长远发展。

他力排众议，组织当地百姓开始修建都江堰。

在修建过程中，李冰克服了很多困难。都江堰建成后，蜀地的水旱灾害得到了有效的控制，成都平原成为"天府之国"，农业生产得到了极大的发展，为秦国的强大提供了重要的物质基础。

李冰修建的都江堰，不仅造福了当时的百姓，而且一直沿用至今，成为世界上古老的水利工程之一，泽被后世 2 000 多年。

## 认知内核

**着眼长远：** 看到事物的发展趋势，为未来做好准备。

**牺牲小利：** 不因为一时的得失而影响长远的发展。

**科学规划：** 制定切实可行的方案，并且按照方案一步步地实施。

## 逆袭突围攻略

> 谋划长远的智慧，是让当下的付出连接未来的价值，而非在短视中透支潜力。

⭐ **立足长远，制定规划。** 像李冰那样，立足长远发展，制定一个科学合理的规划，明确长远的目标和发展方向。

⭐ **牺牲小利，顾全大局。** 在面对眼前利益和长远利益的选择时，要敢于牺牲眼前的小利，顾全大局，为长远发展创造条件。

⭐ **注重基础，稳步推进。** 要注重基础性工作，像修建都江堰那样，从根本上解决问题，稳步推进长远发展计划的实施。

## 27. 固守一隅之地，还是开拓全新领域？

- 固守一隅之地的人，满足于在自己熟悉的环境中生活和工作，不愿意走出舒适区，探索新的领域，这样的人视野狭窄，很难有大的发展。

- 开拓全新领域的人，敢于走出熟悉的环境，探索未知的世界，不断挑战自己，这样的人能够在新的领域中发现新的机遇，实现自己的价值。

### 郑和七下西洋拓视野

郑和是明朝时期的航海家，他原本是宫廷中的一名宦官，后来得到了明成祖朱棣的信任和重用。

明成祖为了宣扬国威，加强与海外各国的联系，决定派遣船队出使西洋。这是一项前所未有的任务，需要穿越浩瀚的海洋，前往未知的国家和地区，充满了危险和挑战。

郑和勇敢地接受了这个任务，他带领着庞大的船队，开始了七下西洋（今印度洋）的壮举。

郑和的船队规模庞大，拥有200多艘船只和2.7万余人。他们穿越印度洋，到达了亚非30多个国家和地区，包括今天的越南、印度、斯里兰卡、肯尼亚等。

在航海过程中，郑和遇到了很多困难和危险。他们经历了狂风巨浪的袭击，遭遇了海盗的骚扰，还面临着食物和淡水短缺的问题。但郑和始终没有退缩，他凭借着丰富的航海经验和顽强的意志，克服了一个又一个困难。

郑和每到一个国家，都会与当地的国王和大臣进行友好交流，互赠礼物，同时也购买当地的特产。他还带回了很多关于海外各国的信息，包括风土人情、地理环境、物产资源等，极大地开拓了明朝人的视野。

郑和七下西洋，不仅加强了明朝与海外各国的联系，促进了中外经济文化交流，而且也展现了中国古代航海事业的辉煌成就。

## 认知内核

**勇于探索**：勇于探索，敢于面对未知的挑战和危险。
**不畏艰难**：遇到困难和挫折时，有不畏艰难的勇气和毅力。
**开放包容**：以开放包容的心态与他人交流合作，实现共同发展。

## 逆袭突围攻略

> 开拓全新领域，需要具备勇往直前的精神与开放包容的心态。让勇气跨越边界，勿在守成中故步自封。

⭐ **走出舒适区**。像郑和那样，勇敢地走出自己熟悉的环境，挑战未知的领域，不要害怕失败和困难。

⭐ **积累经验，提升能力**。在开拓新领域之前，要积累相关的知识和经验，提升自己的能力，为开拓新领域做好准备。

⭐ **开放交流，互利共赢**。在开拓新领域的过程中，要以开放包容的心态与他人交流合作，互利共赢，共同发展。

## 28. 满足现有成就，还是不断超越自我？

● **满足现有成就的人**，在取得一定的成绩后就停滞不前，沾沾自喜，不愿意再付出努力，这样的人最终会被后来者超越，难以在竞争激烈的社会中立足。

● **不断超越自我的人**，能够在取得成就后不满足于现状，继续努力，挑战更高的目标，不断提升自己的能力和水平，这样的人能够在不断的超越中实现自己的人生价值。如同运动员，在打破纪录后，不满足于现有的成绩，而是继续训练，挑战新的纪录。

### 王羲之临池学书成"书圣"

王羲之是东晋时期的著名书法家，他从小就对书法有着浓厚的兴趣，并且展现出了过人的天赋。他年轻时就已经在书法界小有名气，得到了很多人的赞赏。

但王羲之并没有满足于现有的成就，他仍然坚持每天练习书法，不断挑战自己，希望能够达到更高的水平。

王羲之练习书法非常刻苦，他常常在池塘边练习写字，写完字后，就到池塘里清洗毛笔和砚台。久而久之，池塘里的水都被染成了黑色，这就是著名的"临池学书"的故事。

王羲之不仅刻苦练习，还善于学习和借鉴他人的长处。他广泛学习各种书法字体，包括篆书、隶

书、楷书等，并且从中吸取精华，形成了自己独特的书法风格。

他的书法作品被誉为"飘若浮云，矫若惊龙"，具有很高的艺术价值。但王羲之并没有因此而骄傲自满，他仍然不断地学习和探索，希望能够在书法艺术上取得更大的突破。

王羲之的一生都在不断地超越自我，他的书法成就达到了后人难以企及的高度，他被后人尊称为"书圣"。

## 认知内核

**永不满足：** 不满足于现有的成就，始终保持进取的心态。

**刻苦钻研：** 超越自我，不断提升自己的能力和水平。

**善于学习：** 从他人的经验中吸取营养，为自己的成长和进步提供动力。

## 逆袭突围攻略

> 不断超越自我的秘诀是保持热爱，同时具备坚定的信念，不断努力。

⭐ **设定更高目标**。像王羲之那样，在取得一定成就后，为自己设定更高的目标，并且为了实现这个目标不断努力。

⭐ **刻苦练习，不断提升**。要把时间和精力投入到自己所从事的领域中，刻苦练习，不断提升自己的能力和水平。

⭐ **善于反思，总结经验**。在不断超越自我的过程中，要善于反思自己的不足，总结经验教训，不断改进自己的方法和策略。

## 29. 贪图安逸享乐，还是艰苦奋斗？

● **贪图安逸享乐的人**，追求舒适的生活，不愿意付出努力，害怕吃苦，这样的人最终会变得懒惰和无能，一事无成。

● **艰苦奋斗的人**，能够吃苦耐劳，为了实现自己的目标而努力奋斗，不畏惧困难和挫折，这样的人能够在奋斗中不断成长和进步，取得成功。如同蜜蜂，为了采蜜而辛勤劳动，最终收获甜蜜的果实。

### 祖逖闻鸡起舞誓复中原

祖逖是东晋时期的著名将领，他年轻时就有远大的志向，希望能够收复中原，恢复晋朝的统治。

当时，中原地区被匈奴等少数民族占领，晋朝的统治岌岌可危。祖逖看到这种情况后，非常痛心，他决定要为收复中原而努力奋斗。

祖逖和刘琨是好朋友，他们都有着相同的志向。两人一起住在司州，每天都在一起讨论国家大事，抒发自己的抱负。他们常常谈到深夜，不知不觉就睡着了。

经过多年的艰苦奋斗，祖逖和刘琨都练就了一身过硬的武艺，成为有名的将领。后来，祖逖被任命为奋威将军、豫州刺史，他率领军队北伐，收复了黄河以南的大片土地。在北伐过程中，祖逖以身作

则，与士兵们同甘共苦。他生活俭朴，不贪图安逸享乐，把所有的精力都投入到收复中原的事业中。士兵们都非常敬佩他，愿意为他效力。

虽然祖逖最终没有能够完全收复中原，但他的艰苦奋斗精神却激励了无数后人。

## 认知内核

- **树立志向**：要有明确的志向和目标，为了实现目标而努力奋斗。
- **坚持不懈**：长期坚持，不断努力，不畏惧困难和挫折。
- **以身作则**：要想带领他人一起艰苦奋斗，自己首先要以身作则，树立榜样。

## 逆袭突围攻略

*在艰苦的环境中磨炼自己，让自己的志向更加坚定和闪耀吧！不要在安逸的生活中逐渐忘记自己的目标。*

⭐ **树立远大志向**。像祖逖那样，树立一个远大的志向，并且为了实现这个志向而努力奋斗，不贪图安逸享乐。

⭐ **坚持努力，不畏艰苦**。要把艰苦奋斗作为一种生活态度，不怕吃苦，不怕困难，坚持努力，不断积累经验和能力。

⭐ **以身作则，带动他人**。在工作和生活中，要以身作则，用自己的行动影响和带动身边的人，共同艰苦奋斗，实现目标。

## 30. 骄傲自满停滞，还是谦虚进取？

● **骄傲自满停滞的人**，在取得一点成绩后就沾沾自喜，认为自己已经很了不起了，不愿意再学习和进步，这样的人最终会停滞不前，被别人超越。

● **谦虚进取的人**，能够正确看待自己的成绩，不骄傲自满，始终保持谦虚的态度，不断学习和进步，这样的人能够在不断的进取中取得更大的成就。如同大海，不拒绝小溪的汇入，才能变得更加广阔。

### 孔子周游列国求学问

孔子是春秋时期的著名思想家、教育家，他开创了儒家学派，对中国历史和文化产生了深远的影响。

孔子虽然已经拥有了丰富的知识和很高的声望，但他并没有骄傲自满，而是始终保持着谦虚进取的态度，不断学习和探索。

他认为，"三人行，必有我师焉"，每个人都有自己的优点和长处，都值得自己学习。为了增长见识，丰富知识，孔子决定周游列国，向各地的贤士请教。

孔子带着他的弟子们，先后游历了曹、卫、宋、郑、陈、蔡、楚等多个国家。在周游列国的过程中，孔子遇到了很多困难和挫折。他曾经被围困在陈蔡之间，断绝了粮食，弟子们都饿得站不起来，但孔子仍然没有放弃，他继续给弟子们讲学，鼓励他们要坚持自己的信念。

每到一个国家，孔子都会拜访当地的贤士和官员，与他们交流思想和见解。他向老子请教过礼，向苌弘请教过乐，从他们身上学到了很多知识和智慧。

孔子还非常注重向实践学习，他观察各地的风土人情、政治制度和社会现象，从中吸取经验和教训。他不断反思自己的思想和学说，并且根据实际情况进行调整和完善。

孔子的谦虚进取精神，不仅让他自己的知识和智慧不断增长，也影响了他的弟子们。他的弟子们都继承了他的精神，不断学习和进步，成为各个领域的人才。

## 认知内核

**谦虚好学**：看到别人的优点和长处，虚心向别人学习。

**永不满足**：要对知识和真理保持永不满足的追求，不断学习和探索。

**注重实践**：要注重向实践学习，不断完善自己的思想。

## 逆袭突围攻略

保持强烈的求知欲，不断学习新的知识和技能，同时摒弃傲慢和自满的心态，不要因为自满而停止成长的脚步。

⭐ **正确看待自己**。像孔子那样，正确看待自己的成绩和不足，不骄傲自满，保持谦虚的态度。

⭐ **虚心向他人学习**。要善于发现别人的优点和长处，虚心向别人请教，从别人的经验中吸取营养。

⭐ **不断学习，持续进步**。要把学习作为一种生活方式，不断学习新知识、新技能，持续进步，不满足于现状。

# 31. 自私自利计较，还是无私奉献？

● 自私自利计较的人，凡事都以自我为中心，只考虑自己的利益，为了个人利益不择手段，这样的人很难得到别人的信任和帮助，最终会孤立无援。

● 无私奉献的人，能够把他人的利益放在首位，为了帮助别人而牺牲自己的利益，这样的人能够得到别人的尊敬和爱戴，在社会中获得良好的口碑。如同蜡烛，燃烧自己，照亮别人，给世界带来温暖和光明。

## 陶行知弃优渥办学惠民众

陶行知是近代著名的教育家，他一生都致力于教育事业，为了让更多的人能够接受教育而无私奉献。

陶行知早年留学美国，学习了先进的教育理念和方法。回国后，他本来可以在大学任教，享受优渥的生活，但他却看到了中国教育的落后和普及教育的迫切性。

当时，中国的很多农村地区都没有学校，很多孩子都没有机会上学。陶行知决定放弃优渥的生活，到农村去办学，让更多的农村孩子能够接受教育。

他创办了晓庄师范学校，这所学校位于农村，条件非常艰苦。陶行知和学生们一起劳动，一起生活，他亲自给学生们上课，传授知识和技能。

为了办好学校，陶

行知付出了大量的心血和精力。他四处奔走，筹集资金，改善学校的办学条件。他还动员社会各界人士关心和支持教育事业，为普及教育做出了巨大的努力。

陶行知的生活非常简朴，他把自己的大部分收入都用在了办学上，自己却常常穿着打补丁的衣服，吃着简单的饭菜。

陶行知一生创办了多所学校，培养了大批人才，为中国的教育事业做出了重要贡献。他的无私奉献精神，得到了人们的广泛尊敬和爱戴。

## 认知内核

**心系他人**：能够关心他人的疾苦，为他人的幸福而努力。

**坚持不懈**：在平凡的岗位上默默奉献，也能真正实现自己的价值。

## 逆袭突围攻略

*在生活中，要多为他人着想，把帮助他人放在重要的位置，不要过分计较个人的利益，避免因为计较而消耗自己的善意和爱心。*

⭐ **树立利他观念**。像陶行知那样，跳出自我的小圈子，多关注他人和社会的需求，树立"为他人服务"的观念。

⭐ **勇于付出，不计回报**。在面对个人利益与他人利益的选择时，要敢于付出，不斤斤计较回报，把帮助他人、贡献社会当作一种责任。

⭐ **立足小事，长期坚持**。无私奉献并非一定要做惊天动地的大事，从身边的小事做起，比如帮助有需要的人、参与公益活动等，长期坚持，就能汇聚成巨大的力量。

## 32. 追求表面虚荣，还是重视内在修养？

● **追求表面虚荣的人**，把精力放在打扮外表、炫耀财富和地位上，忽视内在的充实。这样的人看似光鲜亮丽，实则空洞浅薄，难以获得真正的尊重。

● **重视内在修养的人**，明白内在的学识、品德和境界才是立身之本，会用心读书、修身养性，让自己的内心变得丰富而强大。如同璞玉，不事雕琢却自有光华，经过岁月的打磨，愈发温润动人。

### 陶渊明归隐著文显风骨

陶渊明是东晋时期的文学家，他出身于没落的官僚家庭，曾多次出任官职，但官场的黑暗和虚伪让他十分厌恶。

当时的官场充满了追名逐利、阿谀奉承的风气，很多人为了追求表面的虚荣，不惜丧失自己的人格和尊严。陶渊明却不愿同流合污，他重视内在的品德和精神追求，对官场的虚荣嗤之以鼻。

在担任彭泽县令时，郡里的督邮要来视察，实则以视察之名收受贿赂。县吏劝陶渊明穿戴整齐、恭敬迎接。陶渊明对此感到十分愤怒，随后便毅然辞官，归隐田园。

归隐后的生活虽然清贫，常常面临断粮的困境，但他却过得自在洒脱。他每日耕种劳作，与农夫交谈，从大自然中汲取灵感，创作了大量的诗歌和散文。

黑马：强者逆袭思维

他的作品充满了对田园生活的热爱、对官场的批判和对理想社会的向往，语言质朴自然，却蕴含着深刻的哲理和高尚的情操。

陶渊明不追求官场的虚荣和物质的享受，而是专注于内在修养的提升，他的作品和品格影响了一代又一代的文人墨客，成为中国文学史上的一座丰碑。

## 认知内核

**坚守本心**：不被外界的虚荣所诱惑，保持内心的纯净和独立。

**淡泊名利**：物质的富足远不如精神的充实重要，把精力放在提升自我上。

**深耕内心**：不断提升自己的学识、品德和境界，让内在的光芒自然流露。

## 逆袭突围攻略

*重视内在修养，需要摆脱对表面虚荣的执念，专注于内心的充实，通过读书、反思、实践等方式充盈内心。*

⭐ **调整价值取向**。像陶渊明那样，把"提升内在"作为追求的目标，不盲目攀比外在条件。

⭐ **坚持读书学习**。多阅读经典书籍，从古今中外的智慧中汲取养分，丰富自己的知识储备和精神世界。

⭐ **践行品德修养**。在日常生活中注重品德的修炼，比如诚实守信、宽容待人、勤俭节约等，让良好的品德成为内在修养的基石。

## 33. 被动接受命运，还是主动创造人生？

- 被动接受命运的人，把人生的起伏归咎于"天意"，遇到挫折就认为是命中注定，放弃主动改变的努力，最终在随波逐流中度过一生。

- 主动创造人生的人，相信命运掌握在自己手中，能在困境中寻找出路，用行动改变现状，一步步朝着理想的方向前进。如同雕塑家，用手中的刻刀不断雕琢，将普通的石材变成精美的艺术品。

### 朱元璋从乞丐到开国皇帝

朱元璋出生在一个贫苦农民家庭，元末的苛捐杂税和天灾让他家破人亡，父母和兄长相继去世，他为了生存，曾当过和尚、乞丐，饱尝人间疾苦。

他在流浪途中，目睹了百姓的苦难和元朝统治的腐朽，逐渐萌生了改变命运、推翻暴政的想法。

后来，他参加了红巾军起义。起初只是一名普通士兵，但他作战勇猛，又有谋略，很快得到了首领的赏识。他不满足于现状，利用一切机会学习兵法、锻炼能力，逐渐从士兵成长为将领。

在起义过程中，朱元璋多次面临绝境：与其他起义军的争斗、元朝军队的围剿、粮食的短缺……但他从未被动接受失败，而是主动寻找破局之法。他招揽贤才，采纳谋士建议，稳步发展自己的势力。

经过多年的征战，他最终于1368年推翻元朝统治，建立了明朝，成为开国皇帝。

朱元璋的人生轨迹，完全打破了"出身决定命运"的偏见，他用行动证明，即使起点再低，也能通过主动奋斗创造属于自己的人生。

## 认知内核

**不认命，敢抗争**：不被出身、环境等因素束缚，敢于与命运抗争。

**抓机遇，善谋划**：敏锐地抓住机遇，制定清晰的目标和策略，一步步推进。

**肯实干，能坚持**：要有脚踏实地的实干精神，在困难面前不退缩，坚持到底。

## 逆袭突围攻略

> 创造人生的关键，是让行动改写命运，而非在认命中等候奇迹。通过积极的行动去改变自己的命运，不要被动地接受命运的安排，原地等待奇迹的发生。

⭐ **树立"我能行"的信念**。像朱元璋那样，摒弃"命运天定"的想法，相信自己有能力改变现状，给自己积极的心理暗示。

⭐ **从小目标开始行动**。不要被宏大的理想吓倒，先设定小目标，比如学一项技能、找一份合适的工作，用小成功积累信心和力量。

⭐ **在挫折中调整方向**。主动创造人生时，难免遇到失败。要像朱元璋那样，及时总结经验，调整策略，而不是怨天尤人、半途而废。

## 34. 等待完美时机，还是立即行动？

● 等待完美时机的人，总觉得"现在还不是时候"，要么嫌条件不够，要么怕准备不足，在无尽的等待中错失机会，让原本可能实现的事情化为泡影。

● 立即行动的人，明白"完美时机永远不存在"，能在有基本条件时就果断出手，在行动中完善计划、解决问题，最终抓住机会达成目标；如同猎人，看到猎物出现时不会等"最好的射击角度"，而是迅速出击，不错过转瞬即逝的机会。

### 毛遂自荐解赵围

战国时期，秦国围攻赵国都城邯郸，赵国危在旦夕，赵王派平原君出使楚国求救，希望能联合楚国共同抗秦。

平原君计划从门客中挑选 20 名有才能的人一同前往，可挑来挑去只选出 19 人，还差 1 人。就在平原君为难之际，门客毛遂主动站出来，请求一同前往。

平原君从未听说过毛遂，可见他言辞恳切，便同意带他前往楚国。

到了楚国，平原君与楚王谈合纵抗秦之事，从早晨谈到中午仍无结果。19 名门客都束手无策，毛遂却按剑上前，直言不讳地向楚王分析合纵的利弊。

楚王被毛遂的胆识和言

黑马：强者逆袭思维

辞打动，最终同意与赵国结盟，派兵救援邯郸，赵国之围得以解除。

毛遂没有等待"被发现"的完美时机，而是主动抓住机会展现自己，立即行动，化解了赵国的危机。

## 🔍 认知内核

**机会靠争取**：当机会出现时，主动站出来，为自己争取可能。

**行动中完善**：先行动起来，在过程中发现问题、解决问题。

**有胆识，敢担当**：在关键时刻敢于承担责任，用行动证明自己的能力。

## 逆袭突围攻略

> 当机会出现时，要果断地采取行动，不要犹豫不决，不要追求所谓的"完美"而错失机会。

⭐ **克服"完美主义"**。告诉自己"完成比完美更重要"，像毛遂那样，即使不是最优秀的，也要先抓住机会行动起来。

⭐ **设定"行动触发点"**。比如"看到机会后10分钟内做出决定""今天必须完成这件事的第一步"，用具体的时间节点倒逼自己行动。

⭐ **从小行动突破**。如果面对大事犹豫不决，就先做一件与之相关的小事，比如想提升某科成绩，先制定每日学习计划，用小行动带动大行动。

## 35. 畏惧未知挑战，还是勇敢探索？

● **畏惧未知挑战的人**，习惯在熟悉的范围内活动，对未知的事物充满恐惧，担心失败或受伤，最终困在狭小的天地里，错过世界的精彩。

● **勇敢探索的人**，把未知看作是成长的机会，能带着好奇心和勇气踏入陌生领域，在探索中发现新可能，让人生的边界不断拓展。如同登山者，明知山顶有风雨，仍愿意向上攀登，只为见识从未见过的风景。

### 玄奘西行取经传佛法

玄奘是唐代高僧，自幼出家，对佛法有着浓厚的兴趣。他发现当时国内的佛经译本杂乱，很多教义存在歧义，便萌生了前往佛教发源地印度求取真经的想法。

西行之路充满未知与危险：要穿越荒无人烟的沙漠，翻越终年积雪的高山，还要经过多个国家，语言不通、习俗各异，甚至可能遭遇强盗。当时朝廷禁止私人出境，玄奘的西行计划更是难上加难。

但玄奘没有被未知的挑战吓倒。他偷偷离开长安，踏上了西行之路。

历经17年，玄奘行程5万余里，途经138个国家，带回了657部佛经。回国后，他潜心翻译佛经，共译出75部经书，为佛教在中国

黑马：**强者逆袭思维**

的传播做出了巨大贡献，也促进了中印文化交流。

玄奘用勇气和坚持，将未知的西行之路变成了探索真理的征程，他的故事也成为"勇敢探索"的典范。

### 🔍认知内核

**心怀信念：** 勇敢探索需要有坚定的信念，让信念成为克服未知恐惧的动力。

**直面恐惧：** 带着恐惧依然前行，在探索中逐渐消除恐惧。

**积累应对：** 在探索前做足准备，同时灵活应对突发状况，提升解决问题的能力。

### 逆袭突围攻略

*勇敢地去探索未知的领域，从探索中学习和成长，不要因为恐惧而限制自己的探索，让未知成为自己成长的助力。*

⭐ **从小探索开始**。先从身边的小未知入手，比如尝试一道新菜、学一项新技能，在小探索中积累勇气和经验。

⭐ **做好基础准备**。像玄奘那样，探索前了解相关信息，掌握基本技能，减少未知带来的风险，增加成功的可能。

⭐ **接纳不确定性**。明白探索中难免遇到意外，告诉自己"出现问题很正常，我能想办法解决"，用积极的心态面对未知。

## 36. 随波逐流度日，还是坚持理想信念？

● 随波逐流度日的人，没有自己的目标和主见，别人做什么就跟着做什么，在人群中迷失自我，最终一生平淡无奇，甚至走向错误的方向。

● 坚持理想信念的人，心中有明确的方向和原则，无论外界如何变化，都能坚守自己的追求，不为诱惑所动，最终活出自己的价值。如同灯塔，无论风浪多大，始终照亮特定的方向，为他人和自己指引道路。

### 苏武牧羊十九年守气节

苏武是西汉时期的大臣，汉武帝派他出使匈奴，他却因匈奴内部变故被扣留。

匈奴单于想让苏武投降，许以高官厚禄，但苏武严词拒绝。单于见利诱不成，便用酷刑逼迫，将他关在露天的地窖里，不给吃喝。当时正值寒冬，苏武以雪解渴、嚼毡毛充饥，却始终没有屈服。

单于无奈，又将苏武流放到北海（今贝加尔湖）牧羊。

北海荒无人烟，苏武独自一人带着代表汉朝使者身份的节杖（一根挂着牦牛尾的竹竿）牧羊。他每天拿着节杖，思念着汉朝，即使节杖上的毛都掉光了，也始终紧握不放，那是他坚守信念的象征。

就这样，苏武在北海牧羊19年，从壮年到老年，始终没有放弃自己的理想信念。直到匈奴与汉朝和好，他才得以返回长安。当他手持光秃秃的节杖回到汉朝时，百姓无不敬佩他的气节。

苏武用 19 年的坚守证明，无论环境多么恶劣，只要坚持理想信念，就能让人在精神上立于不败之地。

## 🔍 认知内核

**信念如柱**：理想信念是人生的支柱，能在困境中支撑人不倒下。

**耐住孤独**：不被他人的质疑或放弃所影响，独自坚守方向。

**拒染尘埃**：守住内心的原则，才能保持气节不被污染。

## 逆袭突围攻略

> 无论时间过去多久，都要坚守自己的初心和信念，不要在困难和挫折中放弃自己的坚守。

⭐ **明确核心信念**。像苏武那样，清楚自己"绝不放弃的原则是什么"，比如"诚信做人""为国奉献"等，让信念成为行为的底线。

⭐ **拒绝轻易妥协**。当遇到与信念冲突的诱惑或压力时，问自己"妥协后会后悔吗"，用对理想的坚守来抵御外界干扰。

⭐ **用行动强化信念**。每天做一件与理想相关的小事，比如为了"成为医生"而坚持学习，让行动成为信念的"保鲜剂"，防止信念在随波逐流中褪色。

## 37. 被传统束缚，还是突破性别限制？

● 被传统束缚的人，将"什么性别该做什么"的刻板印象奉为准则，女性不敢涉足"男性领域"，男性不敢展现"细腻情感"，最终都被限制在狭窄的角色里，无法发挥全部潜能。

● 突破性别限制的人，不认同"性别决定能力"的偏见，敢于挑战传统赋予的角色定位，在自己擅长的领域发光发热，推动社会观念的进步。如同打破玻璃天花板的人，让原本被遮蔽的空间透出光亮，为更多人开辟道路。

### 吕碧城冲破礼教办女学

吕碧城是清末民初的女性先驱，她生活的时代，女性被要求在家相夫教子，很少有接受教育、参与社会活动的机会。

吕碧城自幼聪慧，却因家庭变故和传统观念，早早经历了不公。她想读书，却被认为"不守本分"；她想独立生活，却被指责"违背礼教"。但她没有被传统束缚，坚信女性和男性一样有追求知识、参与社会的权利。

20岁时，吕碧城因一篇文章得到天津《大公报》总经理的赏识，成为中国近代史上第一位女编辑。她发表文章，呼吁女性解放，主张"兴女学、开女智"，打破性别对女性的限制。

后来，她更是顶住压力，在天津创办了北洋女子公学（后改为北洋女子师范学堂），这是中国近代最早建立的公立女子学堂之一。办学过程中，她不仅面临资金短缺、社会质疑等困难，还因"女性办学"被保守派嘲讽"不守妇道"。

但吕碧城坚持认为，女性接受教育后才能独立自强。她亲自授课，注重培养学生的独立意识和实用技能。这所学校培养了大批女性人才，推动了中国女性教育的发展，也让更多人开始反思刻板印象的错误。

吕碧城用自己的行动证明，女性可以在"男性主导"的领域做出成就，性别不该成为能力的边界。

## 🔍 认知内核

**挑战刻板印象：** 突破性别限制需要质疑偏见，相信能力与性别无关。
**顶住外界压力：** 不因他人的评价定义自己，坚持走自己的路。
**为群体开路：** 突破性别限制不仅是为了自己，更是为更多被性别限制的人打开可能性。

## 逆袭突围攻略

> 拥有突破性别限制的勇气，让能力定义自我，而非被偏见框定人生。用自己的能力来证明自己的价值，创造属于自己的人生吧！

⭐ **认清"能力为本"。** 像吕碧城那样，关注"我擅长什么"而非"我该做什么（因为性别）"，比如女性可以学工科，男性可以学护理，用能力证明自己。

⭐ **无视"标签化评价"。** 不要在意他人用"女孩子就该温柔""男孩子就该强硬"之类的标签定义你，你的价值由自己的能力和选择决定，而非性别标签。

⭐ **主动争取机会。** 每天做一件与理想相关的小事，比如为了"成为医生"而坚持学习，让行动为信念保鲜，防止它褪色。

## 38. 面对生理缺陷自暴自弃，还是主动突破？

● 面对生理缺陷自暴自弃的人，会把缺陷当作人生的全部，觉得自己一无是处，放弃对生活的追求和对梦想的坚持，在悲观绝望中度过余生。

● 主动突破生理缺陷的人，不被身体的不足所困住，会找到适合自己的方式发光发热，用顽强的意志对抗命运的不公，让生命绽放出别样的光彩。如同折翼的鸟儿，虽然不能像其他鸟儿一样翱翔，但会用尽全力跳跃，去触摸天空的一角。

### 海伦·凯勒失明失聪成作家

在海伦·凯勒一岁多时，一场重病让她失去了视觉和听觉，她从此坠入了黑暗与寂静的世界。起初，她无法接受这样的现实，脾气变得暴躁易怒，对生活充满了绝望，完全陷入了自暴自弃的状态。

直到莎莉文老师的到来，她的人生才开始改变。莎莉文老师耐心地教她用手触摸事物，以此来感知世界。海伦·凯勒在老师的帮助下，逐渐走出了自暴自弃的阴影，开始主动学习。

她付出了远超常人的努力，用手指触摸盲文书籍来阅读，通过触摸别人的嘴唇和喉咙来学习说话。每学会一个单词、一句话，都要经历无数次的练习。尽管过程充满了艰辛，但她从未放弃。

凭借着这种主动突破的精神，海伦·凯勒不仅完成了大学学业，还成为一名作家和教育家。她写下了《假如给我三天光明》等著作，用自己的经历鼓励着无数身处困境的人。她还积极投身于公益事业，为残疾人争取权益，让更多人知晓：即使有生理缺陷，也能创造有价值的人生。

## 认知内核

**接纳缺陷**：明白缺陷是自己的一部分，但不因此否定自己的整个生命。

**聚焦所能**：不要总盯着自己"做不到"的事，聚焦自己"能做到"的，把精力放在可实现的目标上。

**以志驭身**：用坚定的志向驾驭身体的局限，让精神的力量超越生理的缺陷。

## 逆袭突围攻略

面对生理缺陷，勇于主动突破，这需要强大的内心与具有针对性的行动策略。

⭐ **接纳现实，调整心态**。像海伦·凯勒那样，先承认生理缺陷的存在，不逃避、不抱怨，告诉自己"这只是我的一部分，不是我的全部"，从心态上为突破做好准备。

⭐ **寻找替代方式**。针对自己的缺陷，寻找实现目标的替代方法，比如失明者可以用听书软件学习，肢体不便者可以借助辅助工具行动，用"不同的路径"实现同样的目标。

⭐ **积累小成功**。从容易实现的小事做起，比如学会一个新技能、完成一次简单的交流，用小成功积累信心，逐步突破更大的障碍。

## 39. 畏惧流言非议，还是坚持真理？

● 畏惧流言非议的人，把他人的评价看得比真理更重要，一旦听到反对的声音就动摇自己的立场，甚至放弃正确的认知，最终在流言的裹挟中迷失方向。

● 坚持真理的人，明白真理不会因流言而改变，即使面对众人的质疑和非议，也能坚守自己的正确认知，用行动证明真理的价值。如同在黑夜中持灯的人，无论周围有多少质疑的声音，都不会熄灭手中的灯火，因为他们知道灯光能照亮前行的路。

### 黄道婆革新纺织技艺传后世

黄道婆是元代著名的纺织革新家，她出身贫寒，年轻时曾流落海南。在海南期间，她发现当地黎族人民的纺织技术比中原地区先进得多，不仅工具精良，织出的布匹也更加精美。

当时的中原地区，纺织技术落后，效率低下，织出的布料质量也差。黄道婆看到这种差距后，决心将海南先进的纺织技术带回中原，改善家乡的纺织状况。

然而，当她回到家乡松江府乌泥泾（今上海华泾镇），开始推广新的纺织技术时，却遭到了不少流言非议。可黄道婆没有退缩，她坚信先进的技术能让百姓生活更好，这是不容置疑的真理。她耐心地向乡亲们演示新的纺织工具和技术，比如她改进的轧棉机、弹棉弓、纺车等，大大提高了纺织效率。渐渐地，越来越多的人看到了新技术的优势，开始接受并学习她的方法。

在黄道婆的努力下，松江府的纺织业迅速发展起来，成为全国的纺织中心，当地生产的"乌泥泾被"闻名全国，甚至远销海外。她的技术革新不仅改善了百姓的生活，也推动了中国纺织业的发展。

## 认知内核

**认清真理价值**：认清真理的价值，明白它能带来实实在在的好处。

**不被舆论左右**：像黄道婆那样，用事实证明自己的正确。

**耐心传播真理**：用演示、传授等方式让他人看到真理的好处，逐渐接受真理。

## 逆袭突围攻略

面对流言蜚语与无端非议，我们需坚定自身立场，坚守真理，这既需要坚定不移的信念，也需要充满智慧的行动。

⭐ **明确真理依据**。像黄道婆那样，清楚自己所坚持的真理有哪些事实依据，比如"这种方法确实能提高效率""这个道理经过实践检验"，用依据支撑自己的坚持。

⭐ **用事实说话**。用事实说话：当受到流言攻击时，不与流言争辩，而是用实际成果证明真理的正确性，比如用新技术产出的成果让质疑者闭嘴。

⭐ **忽略无关噪音**。学会区分"有价值的批评"和"恶意的流言"，对于纯粹的非议和谣言，像黄道婆那样不予理会，专注于践行真理。

## 40. 被动接受安排，还是掌握自己命运？

● **被动接受安排的人**，习惯让他人决定自己的人生道路，无论是职业选择、生活方式还是理想追求，都听从别人的安排，最终活成别人期望的样子，却失去了自我。

● **掌握自己命运的人**，有明确的人生目标和自主意识，不轻易被他人的安排所左右，敢于为自己的选择负责，用行动书写自己的人生篇章。如同自己掌舵的船，即使遇到风浪，也能按照自己的航向前进，最终抵达自己想去的港湾。

### 秋瑾冲破封建枷锁兴女权

秋瑾是近代民主革命志士，她出生在一个封建官僚家庭，按照传统的安排，她从小被缠足，后来被父母包办婚姻，嫁给了富商之子。

但秋瑾没有被动接受这样的安排，她决心掌握自己的命运。她冲破家庭的阻挠，自费前往日本留学。在日本，她接触到西方的民主思想和女权理论，更加坚定了自己追求平等和自由的信念。

留学期间，她积极参与革命活动，与进步人士结交，创办杂志，宣传女权思想和革命主张，呼吁女性摆脱封建束缚，争取受教育权、工作权和选举权。

回国后，她继续投身革命事业，组织反清起义。虽然起义最终失败，秋瑾不幸被捕，但她在刑场上坚贞不屈，用生命践行了自己掌握命运的誓言。

黑马：**强者逆袭思维**

秋瑾的牺牲唤醒了更多女性的觉醒，推动了中国女权运动的发展，她也成为了"掌握自己命运"的象征。

## 🔍 认知内核

**明确自我需求**：不被他人的期望所迷惑，明确自己追求的是什么。
**敢于反抗束缚**：针对不合理的安排，为自身争取自主选择的权利。
**为选择负责**：为自己的选择承担后果，坦然面对失败的可能。

### 逆袭突围 攻略

> 掌握命运的前提，是让选择忠于内心，而非在他人的安排中丢失自我。在做出选择时，要遵循自己的内心，不要被他人的安排所左右，保持自我，这样才能掌握自己的命运。

⭐ **唤醒自主意识**。问自己"我真正想过什么样的生活"，而不是"别人希望我过什么样的生活"，像秋瑾那样，明确自己的人生目标。

⭐ **拒绝不合理安排**。当遇到他人的安排与自己的意愿不符时，要勇敢地表达自己的想法，说明拒绝的理由，而不是默默接受。

⭐ **分步实现自主**。如果暂时无法完全摆脱他人安排，像秋瑾争取留学学习那样，先做一些能让自己更接近目标的事，逐步积累自主的能力和资本，最终实现掌握自己命运的目标。

## 41. 固守传统，还是敢于创新？

- **固守传统的人**，将既有的经验、规则奉为不可更改的铁律，面对新问题总以"历来如此"为由，拒绝变通，在已有的框架里故步自封，让发展陷入停滞。

- **敢于创新突破的人**，视传统为可借鉴的基础，而非禁锢的枷锁，以现实需求为出发点，从实践中寻找新路径，用灵活的思路填补空白，让认知与能力随时代同步进阶。

### "外科圣手"华佗

东汉时期，传统医术多依赖汤药与针灸，面对外科病症，医者常束手无策。华佗行医时，曾目睹患者因无法手术而承受剧痛，甚至丧命，所以决心突破这一局限。

他找到了一种有麻醉作用的花，便尝试用多种草药配伍，经过反复试验，制成了"麻沸散"。患者服用后，疼痛感显著减轻，他得以顺利实施剖腹、截骨等手术，术后用桑皮线缝合伤口，大幅提高了治愈率。

同时，他注意到运动对强身健体的作用，模仿虎、鹿、熊、猿、鸟五种动物的动作，创编了"五禽戏"，教人们通过仿生运动增强体质，预防疾病。这一创举将运动与医疗结合，拓展了养生的新路径。

华佗始终以救治患者为核心，坚持实践创新，最终开创

了中医外科的先河，被后世尊为"外科圣手"。

## 认知内核

**目标导向**：医术的终极目标在于缓解患者的病痛，而非拘泥于传统形式。

**在实践中创新**："做不了"是创新的起点，要从问题中寻找突破。

**跨界融合**：将不同领域的观察融入问题本身，能打开新思路。

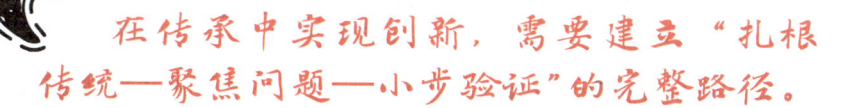

## 逆袭突围攻略

在传承中实现创新，需要建立"扎根传统—聚焦问题—小步验证"的完整路径。

⭐ **扎根传统是基础**。我们要先系统学习古籍中的理论与经验，理解前人认知的逻辑，如同华佗深研医典后才有的放矢。

⭐ **聚焦问题是关键**。要像华佗紧盯外科手术中病人的疼痛那样，从实际需求出发，明确"需要解决什么"，避免无用的空想。

⭐ **小步验证是方法**。有了新想法，可以先在小范围内试验，逐步调整完善。如麻沸散的配伍，经过多次调试才成功。

遵循这一路径，既能守住医术的根本，又能让创新有扎实的根基，最终实现传统与创新的和谐共生。

## 42. 经验臆断，还是实证探索？

● 凭经验臆断的人，以"总是如此"作为判断依据，仅凭直觉得出结论，致使认知仅停留在表面。

● 通过实证探索的人，以观测和实验作为依据，用数据阐明观点，从现象中提炼规律，让认知建立在事实的基础之上。

### 沈括与《梦溪笔谈》

北宋时期，多数学者沉迷于对古籍的注释，沈括却注重通过实证探索世界。任司天监时，他发现传统历法对节气的预测存在误差，并未盲从旧说，而是着手验证与修正。

他改良了浑天仪、浮漏等观测仪器，提高测量精度，随后连续三个月观测北极星的位置，绘制了多张星图，通过系统记录与计算，最终确定了北极星与正北的方向并非重合，而是偏离三度有余。

在考察太行山时，他发现山壁中嵌有大量贝壳化石。他结合地理常识分析，推断该区域曾是海洋。

此外，他注意到指南针并非指向正南方，而是略偏东。为验证这一现象，他换用不同材质的磁针，在多个地点反复测量，最终在《梦溪笔谈》中记录了"磁偏角"这一发现，修正了"磁石正南"的传统认知。

## 认知内核

**质疑是探索的起点**：不轻易接受"定论"，从"不合常理"中寻找研究线索。

**仔细记录**：通过持续记录、多次验证获得的数据，比单一经验更可靠。

**细节揭示真相**：微小的异常中往往藏着认知突破的关键，需要敏锐捕捉与深究。

## 逆袭突围攻略

*培养实证思维，能帮助我们摆脱经验依赖，建立基于事实的认知。*

⭐ **追问本质**。遇到传统观点时多问"依据是什么""是否有例外"，如沈括对"指南针正南"的质疑，避免被表面现象迷惑。

⭐ **系统记录**。准备专门的记录工具，像沈括记录星象那样，详细记录观察到的现象、数据及疑问，为后续分析提供依据。

⭐ **检验调整**。对提出的假设，通过小范围实验或多次观测验证，如沈括换用不同磁针测量磁偏角，用事实修正认知，避免主观臆断。

尝试这些方法，能帮助我们从"模糊经验"走向"清晰事实"，逐步接近事物的本质。

## 43. 墨守成规，还是灵活应变？

- **墨守成规的人**，把规则当圣旨，在固定框架里机械重复，哪怕发现路走不通也不愿转弯，最终困在原地打转。

- **灵活应变的人**，把规则当指南针，根据实际情况调整方向，在变化中找最优解，让每一步都离目标更近。

### 莫扎特革新古典乐

18世纪的欧洲古典音乐界，被刻板的规则捆得死死的：交响曲必须是四乐章，歌剧主角只能是贵族，旋律得按固定套路走。但莫扎特偏不按常理出牌。

少年时，他就爱在演奏中加即兴变奏，让规整的旋律突然冒出灵动的火花，连老师海顿都惊叹他脑子里装着不一样的音乐。

成年后，他胆子更大了。在歌剧《费加罗的婚礼》里，他让理发师当主角，用活泼的民间小调嘲讽贵族的虚伪，彻底打破"歌剧只能歌颂精英"的老规矩。

写《g小调第四十交响曲》时，他更不管已有的说法，让小调旋律里既有淡淡的忧愁，又藏着不服输的劲儿。有人认为他"破坏传统"，他却觉得音乐是

黑马：强者逆袭思维

用来表达心里话的。

他的音乐虽然一开始不被主流接受，却为后来的音乐家打开了新思路——原来音乐可以这么自由。

## 认知内核

**规则不是束缚**：规则应该用来服务目标，当规则成了绊脚石，就该大胆跨过。

**明确目标**：所有的灵活变通，都要围绕"实现目标"这一核心，不偏离方向。

## 逆袭突围攻略

俗话说，脑子灵活些，道路就宽广些。跨越"向来如此"的局限，便能踏入"或许会更好"的新境。

⭐ **先想清楚"我要去哪儿"**。就像莫扎特知道自己要表达的情感，明确目标了，才知道哪些规则可以灵活处理。

⭐ **多问自己"还有别的办法吗"**。遇到卡壳时，别死磕一个思路。比如解数学题时卡壳了，换个公式试试；跟人沟通不顺利，换种说法聊聊。

⭐ **小步试错别怕改**。莫扎特也是先在小范围尝试即兴演奏，慢慢找到自己的风格。哪怕一开始做得不完美，调整几次就顺了。

## 44. 凭直觉臆断，还是按逻辑溯源？

● **凭直觉臆断的人**，遇到不懂的事爱拍脑袋下结论，用"感觉是这样""大概是因为……"搪塞，既说不出依据，也懒得深究，问题越积越多。

● **按逻辑溯源的人**，相信任何现象背后都有原因，会像解数学题一样拆解问题。先观察细节，再提出猜想，最后找证据验证，一步步靠近真相，总能找到解决办法。

### 巴斯德揭开微生物的秘密

19世纪的欧洲，大家都觉得食物变坏是"自然而然"的事，伤口发炎是"中了邪"。但巴斯德不这么想。

当时法国的酒厂老板总发愁：好好的酒，放着放着就变酸了，损失好大一笔钱。巴斯德跑去一看，用显微镜对着变酸的酒一瞧——嚯，里面有好多小虫子似的东西在动！他又看了看没坏的酒，这种小东西很少。

他猜：会不会是这些小东西搞的鬼？为了证明，他做了个"鹅颈瓶实验"：把肉汤装进一个脖子弯弯的瓶子里，煮开杀菌后，瓶口没封死，但弯脖子挡住了空气中的"小虫子"，肉汤放了好久都没坏；可一旦把弯脖子敲掉，肉汤很快就变坏了。

这下真相大白了：原来让东西变坏、伤口发炎的，是

**黑马：** 强者逆袭思维

这些看不见的"微生物"，不是什么"邪祟"。后来巴斯德还发明了巴氏消毒法，让牛奶、酒能放更久，还研制出了疫苗，救了好多人。

## 🔍 认知内核

**不主观臆断：** 凭感觉下结论，只会离真相越来越远。

**做事有逻辑：** 再复杂的问题，拆成小步骤后，总能找到头绪。

**为真相努力：** 愿意花时间找原因的人，早晚能把问题解开。

## 逆袭突围攻略

> 逻辑溯源是让每一个判断都能站得住脚。当你习惯了"先找原因再下结论"，解决问题的能力会越来越强。

想养成按逻辑溯源的习惯，试试这三步：

⭐ **第一步，遇到问题先停一停。** 别着急说"我觉得"。像巴斯德看到酒变酸，先观察、记录，而不是瞎猜"运气不好"。

⭐ **第二步，把大问题拆成小问题。** 比如"成绩下降"，可以拆成"上课听懂了吗？""作业认真做了吗？""考试紧张吗？"，像剥洋葱一样，一层层找原因。

⭐ **第三步，用"证据"说话。** 猜"是手机影响学习"，就试试一周不用手机，看成绩变化；觉得"老师讲得太快"，就录一段课堂回放，数数自己没跟上的地方。巴斯德靠实验证明猜想，我们也能用小行动验证想法。

## 45. 安于平庸，还是追求卓越？

● 安于平庸的人，觉得"差不多就行了"，做完一件事就撒手，从不琢磨怎么做得更好，慢慢就越来越普通。

● 追求卓越的人，总觉得"还能再精进点"，像打磨宝石一样，反复琢磨细节，哪怕已经做得不错了，还想再上一个台阶。

### 米开朗基罗雕琢《大卫》雕像

彼时，30岁的米开朗基罗已经是有名的雕塑家了，可当他接手《大卫》雕像时，却选了一块别人都觉得"废了"的大理石。

他把铺盖搬到工地旁，白天对着石头画素描，哪里该留，哪里该凿，算得清清楚楚；晚上，他就着烛光叮叮当当凿石头，常常忘了吃饭和睡觉。

雕像快完工时，他站在脚手架上看了又看，觉得大卫的右手太僵硬，和身体的劲儿对不上，居然狠心把好不容易凿好的手敲掉重雕。光这只手，就又花了三个月。后来，他又觉得大卫的眼神不够坚定，不像能打败巨人的样子，又

一点点打磨眼眶、眉骨，直到那眼神里既有警惕又有底气。

有人劝他别折腾了，他却不以为然。最后，当高达 5 米多的《大卫》站在广场上时，所有人都惊呆了——那肌肉的张力，那微微转动的脖子，雕像仿佛下一秒就要迈开步子。

## 认知内核

**注重细节**：卓越不是天生的，是一点点抠细节抠出来的。

**挑战自我**：对自己"狠"一点，才能比别人强一点。

**持之以恒**：耐心远比其他任何事物都重要，正所谓慢工出细活。

## 逆袭突围攻略

*卓越的人不是不犯错，而是会把错的地方改得更好。*

⭐ **给自己定个"跳一跳才够得着"的目标**。别满足于"及格就行"，比如考试先定个 80 分，达到了再冲 90 分，就像米开朗基罗非要救活那块"废石头"。

⭐ **学会"鸡蛋里挑骨头"**。做完一件事，先别忙着庆祝，先找找哪儿能改进：作业写完了，看看字能不能再工整点；画完画，想想颜色能不能再协调点，就像米开朗基罗盯着大卫的手和眼神琢磨。

⭐ **别怕推倒重来**。写错了的题，擦掉重算；没做好的手工，拆了重拼。米开朗基罗连雕像都敢于敲掉，重新雕琢，学习和生活中的这点小失误又算得了什么呢？

## 46. 因循守旧，还是主动革新？

- 因循守旧的人，总说"老祖宗就是这么做的"，哪怕用老办法累死累活，也不想着变一变，就像拉磨的驴，总在原地打转。

- 主动革新的人，看不得大家费劲干傻活，总琢磨"有没有更省事的办法"，哪怕只是改个小工具、换个小步骤，也能让效率提一大截。

### 哈格里夫斯发明珍妮纺纱机

18世纪的英国，农村纺织工人们用的还是老纺车，一个纺车一次只能纺一根纱，产量低得可怜。哈格里夫斯的妻子珍妮就是这样的纺织工，她每天累得直不起腰。

哈格里夫斯心疼妻子，总在琢磨："能不能让一个纺车同时纺好几根纱呢？"他灵光一闪赶紧动手改：把原来横着的1个纱锭，改成竖着排列的8个，再把脚踏板和轮子连起来。这样一来，脚蹬一下，8个纱锭就能一起转，纺线效率一下子提高了8倍！他给这个新纺车起名叫"珍妮机"，用的就是妻子的名字。

可这事儿得罪了不少靠老纺车吃饭的工人，他们砸了他的机器，还把他赶出去。但

哈格里夫斯没放弃，又把纱锭加到 16 个，还申请了专利。后来，珍妮机传遍了英国，拉开了工业革命的大幕，纺织工人们终于不用那么累了。

## 认知内核

**发现细节的力量：** 小改动能发挥大作用，一个具有创新性的细节，足以使效率提升数倍。

**保持自信与坚定：** 新东西出来总会被质疑，但只要真能解决问题，坚定地走下去，终会被接受。

## 逆袭突围攻略

*创新不是科学家的专利，我们在生活和学习中要多动点脑筋。*

⭐ **做个"有心人"，盯着身边"费劲的事"**。比如背单词总记不住，是不是可以试试编个顺口溜？打扫卫生总觉得麻烦，能不能想想高效清洁的小妙招？就像哈格里夫斯认为妻子纺线累，就发明了新的纺纱机。

⭐ **敢想"不一样"**。别觉得"一直这么做"就改不了，比如做题总用一种方法，换个思路试试。哈格里夫斯就是把纱锭"反过来"放，才找到灵感的。

⭐ **先做个"小模型"试试**。想到好点子别光说不练，用纸板糊个小发明，在本子上画个新方案，哪怕一开始很粗糙，试了才知道好不好。哈格里夫斯也是先改出一个简单的珍妮机，再慢慢改进的。

## 47. 盲从权威，还是独立思考？

● 盲从权威的人，总把"老师说的""书上写的"当圣旨，别人说什么信什么，自己不动脑子，慢慢就成了别人思想的"复读机"。

● 独立思考的人，对谁说的话都打个问号，会自己去看、去试、去想，哪怕是权威说的，也得在心里思考"这是真的吗"，有自己的判断。

### 伽利略验证日心说

几百年前的欧洲，教会说："地球是宇宙的中心，太阳绕着地球转"，大家都信了，谁要是敢反对，就是大逆不道。那时候还有个权威说法，古希腊学者亚里士多德认为重的东西下落得快，轻的东西下落得慢。

但伽利略不怎么信。他想：如果把一块重石头和一块轻石头绑在一起，按亚里士多德的说法，轻石头会拖慢重石头，下落速度应该比重石头慢；可绑在一起变重了，下落速度又该比重石头快 —— 这不是矛盾吗？

相传，为了证明"重的东西不会比轻的东西下落更快"，他跑到比萨斜塔上，手里拿着一个10磅重的铅球和一个1磅重的铅球，同时扔了下去，结果这两个球同时落地！这下，亚里士多德的说法不攻自破了。

黑马：强者逆袭思维

后来，伽利略自己做了个望远镜，对着天空一看，发现木星周围有几颗小卫星绕着它转，这为"太阳是中心"的说法提供了证据。

## 认知内核

**实践出真知**：自己亲眼看见、亲手试过的，比谁说的都靠谱，要用事实说话。

**不盲从他人**：独立思考需要勇气，哪怕全世界都反对，也要相信自己的判断。

## 逆袭突围攻略

独立思考不是故意跟别人对着干，而是不偷懒、不盲从，用自己的眼睛和脑子，找到最接近真相的答案。

⭐ **多问"为什么"**。老师讲个知识点，别光记下来，想想"为什么是这样"；爸妈说"你该这么做"，也可以问问"为什么这么做更好"。伽利略就是因为问了"为什么重的下落快"，才发现了问题。

⭐ **自己去验证**。书上说"蜜蜂靠翅膀发声"，你可以观察一下蜜蜂停着不动时还会不会发声；别人说"这个方法最有效"，你可以试试别的方法，拿来比一比。就像伽利略扔铅球一样，亲手试试才知道真假。

⭐ **别怕"不一样"**。要是你的想法和大家不一样，先别急着否定自己，想想有没有道理。伽利略一开始也没人信，但事实证明他是对的。

## 48. 封闭排斥，还是开放包容？

● **封闭排斥的人**，总觉得"外来的东西都是坏的""自己的才是最好的"，把自己关在小圈子里，不愿意学别人的好办法，慢慢就跟不上别人了。

● **开放包容的人**，觉得"只要有用，不管来自哪儿都可以学"，像海绵吸水一样吸收好经验，还能把学到的东西变成自己的，最后越来越强。

### 德川吉宗学习西方知识

18世纪的日本，官府实行锁国政策，虽允许与荷兰、中国等国家有限往来，但严格限制西方书籍的传播。那时候日本闹饥荒，老百姓吃不饱饭，可用老办法种庄稼就是不增产，大家都急得没办法。

这时候德川吉宗当了将军，他看着老百姓挨饿，心里不是滋味。有人告诉他，西方荷兰的书里有新的种庄稼办法，还有能算准节气的学问。德川吉宗打破对兰学的严格限制，让人把那些书翻译过来。

他从书里学到了选好种子、多施肥的办法，还在地里试种早已从外国传来的番薯。番薯产量很大，很快就解决了不少人的吃饭问题。他还参考西方天文知识，修正了传统历法的误差，让农民知道啥时候

播种最合适。看到西方医学书里画的人体器官清清楚楚，比老说法靠谱，他也支持翻译这类书籍给医生看。

因为他保持开放包容的心态，愿意学习西方的长处，日本慢慢走出危机，变强了不少。

## 认知内核

**保持开放的心态**：好东西不分出处，能解决实际问题的就是有用的。

**学习他人智慧**：学别人不是丢面子，把别人的长处变成自己的，才是真本事。

## 逆袭突围攻略

> 开放不是什么都学，包容不是什么都接受，而是明白"别人有别人的好，咱们也能学了变更好"。

⭐ **别戴"有色眼镜"看新东西**。遇到不熟悉的知识、不一样的做法，先别急着说"不好"，像德川吉宗那样，先想想"这能不能帮我解决问题"。

⭐ **有选择地学**。别人的长处不一定都适合自己，比如学别人的学习方法，得看看是不是符合自己的习惯；学外国的好东西时，得想想咱们这儿用不用得上。

⭐ **学了就用起来**。光看书、光听别人说没用，得像种番薯那样，先在自己这儿试试，再慢慢改成适合自己的样子。

## 49. 唯利是图，还是责任担当？

- 唯利是图的人，眼里只有钱，为了多赚钱，不管别人累不累、苦不苦，甚至偷工减料、欺负人，最后把路走死了。

- 有责任有担当的人，深知赚钱的重要性，但也懂得心疼他人、顾全大局，愿意为大家多花些心思，愿意让几分利，在人生道路上走得更为长远。

### 欧文改良工厂制度

19 世纪的英国，工人从早干到晚，一天要工作很久，工厂里环境一般，好多人因此累出病，甚至出事故。

当时，欧文接手了一家叫新拉纳克的工厂，别人都以为他会跟别的老板一样，拼命压榨工人，可他没那么做。他把工人的工作时间改成每天 10 小时，不准小孩进厂，还盖了学校，让工人的孩子免费上学。

他把工厂打扫干净，装了通风的设备，让工人干活时能舒服点；他盖了

好房子给工人住，开了便宜的商店，让大家能买得起东西。股东们急了，说他"乱花钱"，欧文却认为工人不是机器，对他们好，他们才会好好干活，老板们才能赚更多钱。

果然，工人干活更卖力了，工厂生产的东西又好又多，赚的钱反而更多了。大家都说，欧文的办法又能赚钱，又能让大家过好日子，他是真聪明。

## 认知内核

**成为有担当的人**：光想着自己赚钱走不远，对别人好、负责任，才能让人信服，生意才能长久。

**懂得给他人让利**：给别人好处不是吃亏，创造的价值比省下来的钱更多。

## 逆袭突围攻略

**对别人好，别人也会对你好；顾全大局，自己才能走得稳、走得远。**

⭐ **别光顾着自己**。小组合作时，多帮同学干点；和朋友分东西时，别总挑大的、好的，想想别人。欧文就是先想到工人的辛苦，才改了工厂规矩。

⭐ **别怕"吃亏"**。帮别人讲道题，自己也能再复习一遍；多干点班级卫生，大家一起待着舒服，自己也开心。就像欧文给工人盖房子、办学校，看着花了钱，其实赚回了更多。

⭐ **有原则，守底线**。哪怕是为了完成任务，也不能抄别人的作业、骗老师；哪怕是为了赢比赛，也不能耍赖。负责任的人，大家才愿意相信、愿意帮。

## 50. 浮于表面，还是深耕本质？

- **流于表面的人**，做事总喜欢套用现成的模板，分析问题仅着眼于利弊两个方面，解决问题只求"差不多就行"，经不起仔细推敲。

- **深耕本质的人**，不会满足于现成的答案，会深入钻研、细致挖掘，分析问题时能洞察矛盾的多面性，解决问题时能精准把握根源上的症结。

### 塞万提斯写《堂吉诃德》

16世纪的西班牙，大家都爱看骑士小说，里面的故事差不多都是一个样：勇敢的骑士打败坏人，娶了公主，当上英雄。读者看腻了，可作家们还在不停地写这种套路。

塞万提斯想写个不一样的故事。他笔下的主角堂吉诃德，是个老想着当骑士的普通老头，他把风车当成巨人，把农村姑娘当成公主，骑着瘦马到处"冒险"，闹了好多笑话。

可塞万提斯没把他写成一个纯粹的傻瓜。堂吉诃德虽然傻，却

特别勇敢，哪怕被人打倒，也相信自己在做对的事。他身边的人也不是简单的"好人"或"坏人"：有的农民很善良，却也会偷偷占便宜；有的店主很市侩，却也会同情堂吉诃德。

这本书一出来，大家都看呆了：原来故事可以这么写！没有完美的英雄，没有简单的对错，就像我们真实的生活一样。

后来，《堂吉诃德》成了世界名著。

### 认知内核

**专注事物本质**：深耕本质是打地基，地基稳当，才能撑得起真正的重量。

**敢于打破常规**：跳出套路不是为了标新立异，是为了更真诚地面对问题。

### 逆袭突围攻略

**浮于表面能应付事，但深耕本质才能出精品。**

⭐ **别满足于"第一反应"**。看到"英雄"，别光想到"勇敢"，想想他会不会害怕；看到"坏人"，别光想到"坏"，想想他为什么会那样做。塞万提斯就是没把堂吉诃德当成简单的"傻瓜"。

⭐ **多问"还有呢"**。分析一个问题，别想出一个原因就停下，再想想"还有没有别的原因"；写一篇作文，别举一个例子就收尾，再想想"这个例子里还有什么细节能打动人"。

⭐ **从自己的真实感受出发**。别总学别人怎么说、怎么写，把自己的经历、自己的心里话放进去。就像塞万提斯写堂吉诃德，里面有他对生活的观察和思考，才那么动人。

# 51. 局限现状，还是开拓新域？

● **局限现状的人**，总说"这不可能""从来没人这么干过"，守着自己熟悉的一小块地方，不敢往新地方迈一步，一辈子就那么点出息。

● **开拓新域的人**，相信"路是人走出来的"，敢去没人去过的地方，敢做没人做过的事，哪怕一开始磕磕绊绊，也能走出一条属于自己的新路。

## 达·伽马开辟欧亚新航线

15 世纪时，欧洲人想要亚洲的香料、丝绸，只能走陆路，要穿过好多国家，不仅路远、危险，还得给沿途的人交好多钱，东西运到欧洲后贵得吓人。但大家都觉得"除了这条路，没别的办法了"。

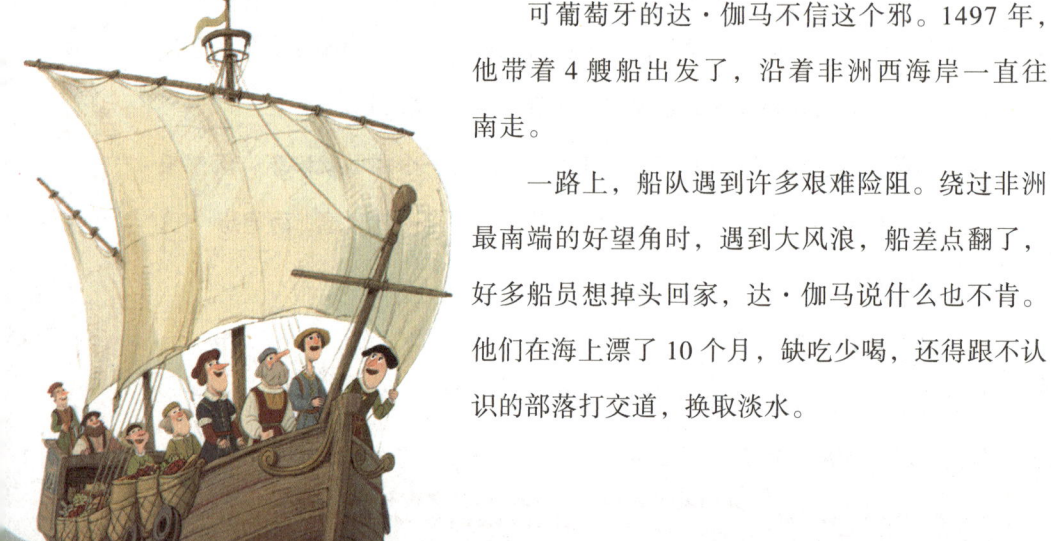

可葡萄牙的达·伽马不信这个邪。1497 年，他带着 4 艘船出发了，沿着非洲西海岸一直往南走。

一路上，船队遇到许多艰难险阻。绕过非洲最南端的好望角时，遇到大风浪，船差点翻了，好多船员想掉头回家，达·伽马说什么也不肯。他们在海上漂了 10 个月，缺吃少喝，还得跟不认识的部落打交道，换取淡水。

最后，他们真的把船开到了印度！从那以后，欧洲人可以直接从海上运亚洲的东西，又快又便宜。达·伽马开辟的这条新航线，让好多国家都富了起来，也让原本孤立的世界变得更紧密了。

## 认知内核

**勇于尝试和探索：** 所谓的"不可能"，往往只是"没人试过"，敢试的人才能发现新机会。

**成为有恒心的人：** 开拓新领域肯定会吃苦、会遇到危险，但闯过去的回报往往特别大。

## 逆袭突围攻略

*局限你的不是世界，是你自己的想法。敢往新地方走一步，你看到的世界就会大不一样。*

⭐ **敢想"不一样的路"。** 做题卡壳了，想想"有没有别的解法"；学东西觉得难，想想"有没有别的学习方法"。达·伽马就是不想走老路，才想到了海上航线。

⭐ **做好吃苦的准备。** 开拓新领域不可能顺顺利利，就像达·伽马遇到大风浪一样，遇到困难别轻易放弃，多想想"再坚持一下会怎么样"。

⭐ **一点点往前挪。** 别想着一下子就成功，先从小地方试起：想学一门新技能，先每天学 10 分钟；想尝试一个新爱好，先买本入门书看看。达·伽马也是一天一天往前航行，才到了印度。

## 52. 空想臆造，还是科学求证？

● 空想臆造的人，爱想些不着边际的事，比如"怎么把石头变成金子""怎么长生不老"，光想不做，或者用些没道理的办法瞎折腾，最后啥也成不了。

● 科学求证的人，想问题从实际出发，会一步步观察、实验、验证，像解数学题一样严谨，最后总能找到真答案。

### 拉瓦锡建立氧化学说

18世纪时，科学家们都觉得"物体会燃烧，是因为里面有一种叫'燃素'的东西跑出来了"，比如木头烧完变成灰，就是"燃素跑光了"。可拉瓦锡发现一个问题：金属烧完之后，重量反而增加了。

他没光坐在那儿想，而是动手做实验。他把金属汞放进密封的瓶子里加热，看着它慢慢变成红色的粉末。他称了称，瓶子和里面东西的总重量没变，但红色粉末比原来的汞重了，瓶子里的空气却轻了一点。

拉瓦锡算了算，粉末增加的重量，正好等于空气减少的重量。他一下子明白了：根本没有"燃素"，燃烧是物体和空气里的一种气体（后来叫氧气）结合了！金属烧完变重，就是因为加上了氧气的重量。

这个发现把化学从瞎猜变成了真正的科学，大家终于明白燃烧是怎么回事了。

### 认知内核

**从实际出发：** 光想没用，动手做实验、看事实，才能找到真相。

**秉持科学的态度：** 推翻老想法不容易，但只要有事实证明是错的，就得勇敢承认，这才是科学的态度。

### 逆袭突围攻略

*空想只会浪费时间，科学求证才能让你离真相越来越近。*

⭐ **别轻信"想当然"**。听到一个说法，先想想"这是真的吗"。比如"吃某某东西能长高"，别光信，看看有没有科学依据。拉瓦锡就没信"燃素说"，才发现了真相。

⭐ **学会"找证据"**。想知道一个结论对不对，去观察、去查资料、去做小实验。比如想知道"植物是不是向着光长"，可以把花放在窗边看看。

⭐ **用数据说话**。描述一件事别光说"好多""很少"，试着说"有5个""占一半"；比较两件事，别说"这个好"，说说"好在哪里，有什么数据支持"。拉瓦锡就是靠对比称重的数据，发现了氧气的秘密。

## 53. 独占资源，还是共享共赢？

● **独占资源的人**，把有价值的东西死死攥在手里，觉得"别人没有，才显得我更厉害"，宁愿让资源闲置也不分享，最后自己困在小圈子里，慢慢被淘汰。

● **共享共赢的人**，明白"资源流动起来才更有价值"，愿意把知识、方法分享出去，在帮别人的同时，也能从别人那里获得新启发，形成"大家一起变好"的良性循环。

### 夸美纽斯推行泛智教育

17世纪时，欧洲的教育被教会和有钱人垄断了：学校用老百姓看不懂的拉丁语讲课，教的都是些没用的教条，穷人家的孩子根本没机会上学，一辈子只能当文盲、干苦力。

夸美纽斯觉得"每个人都有权利读书，知识不该只给少数人"。他想让所有孩子，不管家里有钱没钱，都能学到有用的东西。

他编了一本特别的教科书，叫《世界图解》。里面画了好多图，苹果、星星、动物都画得清清楚楚，旁边用老百姓能看懂的话标注，连不太识字的孩子都能看着图学知识。

此外，他还主张"把孩子按年龄分班上课"，这样，一个老师能教好多学生，效率特别高。

夸美纽斯的办法让好多穷孩子也能上学了，大家学到知识后，有的成了医生，有的成了工匠，社会变得越来越好了。

### 认知内核

**互利共享**：资源的价值不在于"独占"，而在于"使用"和"流动"。
**合作共赢**：真正的强大不是"我有你没有"，而是"我能带动更多人变强"。

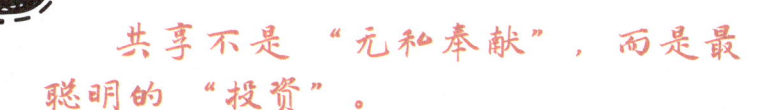

### 逆袭突围攻略

共享不是"无私奉献"，而是最聪明的"投资"。

⭐ **先从"小资源"开始分享**。不用一开始就拿出"压箱底"的东西，可以先分享一道题的解题技巧、一个好用的APP、一本好书的读后感。就像夸美纽斯先从"编一本简单的课本"开始，慢慢打破知识垄断。

⭐ **别怕"别人超过自己"**。其实，你分享的同时，也在梳理自己的思路，而且别人的反馈还能帮你查漏补缺。比如你给同学讲题，可能会发现"原来我这里没吃透"，反而能倒逼自己进步。

⭐ **主动"交换资源"**。分享不是单方面"给"，也可以"要"：你教同桌数学，让他教你英语；你分享自己的笔记，也可以借别人的错题本看看。夸美纽斯能成功，也是因为他从不同人那里吸收了教育经验，再融合成自己的方法。

## 54. 僵化执行，还是动态调整？

● **僵化执行的人**，拿到一个计划就死照着做，不管情况变没变、合不合适，哪怕明知道会出错也不调整，最后肯定搞砸。

● **动态调整的人**，把计划当参考，会看着情况变，该快就快、该慢就慢，该改就改，总能把事做好。

### 拿破仑创造炮兵战术

18 世纪的欧洲在战争时，主要依靠骑兵冲锋和步兵拼杀，大炮仅被置于一旁，几乎沦为摆设。

拿破仑担任将军之后，对大炮的使用方式进行了革新：不再零散地发射大炮，而是将众多大炮集中起来，朝着敌人的阵地猛烈轰击，先摧毁对方的防线。

他还对大炮的后勤保障进行了改进，使大炮能够与步兵、骑兵一同快速移动，而非像以往那样只能缓慢地跟在后面。在奥斯特里茨战役中，拿破仑先是故意示弱，让敌人误以为他已无招架之力，诱使敌人乖乖落入他设下的圈套。待敌人进入合适的位置，他下令所有大炮同时开火，瞬间将敌人打得晕头转向，随后步兵和骑兵发起冲锋，迅速取得了胜利。

当其他人都遵循旧有的作战规则时，拿破仑却能依据战场的实际情况灵活运用大炮，因此赢得了许多胜仗，成为了著名的军事家。

## 认知内核

**灵活应对变化**：计划是死的，情况是活的，照着死计划做事，就像刻舟求剑一样傻。

**掌握变通之道**：灵活的人总能抓住机会，死板的人只会错过机会。

## 逆袭突围攻略

会调整的人不是没有计划，而是既有计划，又能根据情况"绕个弯""换条路"，最终把事做成。

⭐ **别把计划当"圣旨"**。制定学习计划时，留出点弹性，比如某天状态不好，就把难的任务换成简单的；执行中发现计划不合理，别硬撑，赶紧改。拿破仑就没把"大炮只能放后面"当规矩。

⭐ **时刻盯着"目标"，忘了"方法"**。比如目标是"学会这章内容"，如果看书看不懂，就换成讲解视频、问老师，别死抱着"必须看书"的方法不放。拿破仑的目标是"打赢"，所以怎么用大炮都行。

⭐ **学会"看苗头"**。做一件事时，多观察进展：如果顺利，就加快点；如果卡壳了，就停下来想想办法。

## 55. 流于表面，还是洞察本质？

● **流于表面的人**，看待事物仅停留在表面，思考问题也只触及浅层。例如，看到他人成绩优异，便简单归结为"他聪明"；看到别人发脾气，就轻易判定"他坏"，始终抓不住问题的真正根源。

● **善于洞察本质的人**，则会深入探究、透彻思考，能够洞悉表象之下的实质。比如，他们明白别人成绩好是源于"他每天都坚持复习"，别人发脾气或许是因为"他遭遇了难处"，他们总能找出问题的真正原因。

### 莎士比亚塑造复杂人物

16世纪的欧洲，写剧本的人都爱把人物写得很简单：好人就完美无缺，坏人就坏到底。读者一看就知道谁好谁坏。

但莎士比亚笔下的人物，都像真实的人一样复杂。比如《哈姆雷特》里的王子，既聪明又勇敢，却老是犹豫，该动手的时候不动手；《麦克白》里的将军，本来是好人，却因为想当国王做了坏事，做完又后悔得不行。

这些人物没有绝对的好与坏，就像我们身边的人一样，有优点也有缺点，有挣扎也有成长。观众看的时候，会想"他为什么会这样"，而不只是简单地喜欢或讨厌。

莎士比亚没停留在"好人坏人"的表面，而是写出了人的本质，他的剧本到现在还有好多人看，成了经典。

## 🔍 认知内核

**洞察事物本质**：表面现象就像冰山一角，下面藏着更多东西，只看表面就永远看不透本质。

**全面地认识一个人**：人和事都是复杂的，没有绝对的好与坏，能看到这种复杂，才算看到了本质。

## 逆袭突围攻略

*本质化思考就像剥洋葱，一层层剥下去，才能看到最里面的东西。*

⭐ **多问"为什么"，别停在"是什么"**。看到同学进步了，别光说"他进步了"，问问"他最近做了什么不一样的事"；遇到问题了，别光说"出问题了"，问问"根本原因在哪"。莎士比亚就没停在"王子要报仇"的表面，而是想"他为什么犹豫"。

⭐ **拒绝"标签化"**。别轻易说"这个人就是这样"，多想想"他有没有不一样的时候"；评价一件事，别说"这事儿就不好"，想想"有没有好的地方，或者为什么会这样"。莎士比亚笔下的人物就没被简单地标签化。

⭐ **多换几个角度看**。同一个人、同一件事，从不同角度看会不一样。比如觉得老师严，换个角度想"老师是不是为我们好"；觉得某道题难，换个角度想"是不是我没找到方法"。

# 56. 低效重复，还是高效革新？

● **低效重复的人**，天天做着同样的事，用着老办法，哪怕又累又慢也不想变，比如抄笔记还在用手抄，算题还在用笨办法，浪费好多时间。

● **高效革新的人**，总想着"怎么能省事、怎么能更快"，会找新工具、想新办法，把时间省下来做更重要的事，比如用思维导图记笔记，用简便方法算题，又快又好。

## 爱迪生发明电灯系统

19 世纪时，人们晚上靠煤油灯、煤气灯照明，又暗又容易着火，还得天天添油、换灯芯，特别麻烦。

当人们已然习以为常时，爱迪生却认为"肯定存在更好的办法"。他期望发明一种电灯，既明亮又安全，还无需频繁更换部件。他尝试了诸多材料作为灯丝，从棉线到竹子，甚至包括朋友的胡子，历经上千次试验，才寻得能够长时间燃烧的碳化棉丝。

但爱迪生没停在"做出电灯"这一步，他知道光有灯不行，还得有电供应，所以他又发明了发电机、电线、开关，建了发电站，让电能够送到家家户户。以前人们想都不敢想"晚上能像白天一样亮"，爱迪生却做到了。而且，用电灯比用煤油灯方便多了，不用天天添油，开关一按就亮。

爱迪生的发明让人们晚上也能工作、学习，节省了好多时间，生活变得更方便了。

## 认知内核

**革新与普及**：革新不只是做个新东西，还得想办法让它好用、能普及。

**打破固有认知**：别觉得"一直这样做"就对，多想想"怎么能更好"，才能进步。

## 逆袭突围攻略

> 高效的人不是比别人多花时间，而是比别人会花时间。

⭐ **找出"重复又费劲"的事**。比如每天花好多时间整理书包，每天背单词老是忘，这些都是可以革新的地方。爱迪生就是觉得"用煤油灯太麻烦"，才发明电灯的。

⭐ **找"偷懒的办法"**。别觉得"偷懒"是坏事，高效革新就是"聪明地偷懒"：整理书包可以用分类袋；背单词可以用碎片时间、编口诀。爱迪生发明电灯，就是想"偷懒"，不用天天添煤油。

⭐ **善用"新工具"**。现在有好多能帮我们高效做事的工具，比如用APP背单词、用计算器完成复杂的计算、用思维导图整理思路，别老守着老办法不放。爱迪生就善用当时的新科技，做出了电灯。

## 57. 凭经验摸索，还是靠体系成事？

● **凭经验摸索的人**，做事全凭"上次这么做成了""以前就是这么做的"，没有固定章法，结果时好时坏，像碰运气。这次凭经验做好了，下次换个人或换个场景就可能搞砸，别人想学也学不会。

● **靠体系成事的人**，会把做事的逻辑、步骤、注意事项总结成可复制的方法，像搭积木一样有固定框架，不管谁来做、在什么场景做，只要按体系走，结果都能稳定可靠，还能一代代传下去。

### 南丁格尔建立护理科学

在 19 世纪的克里米亚战争中，战场上受伤的士兵死亡率特别高，不是因为伤太重，而是因为护理太差：病房又脏又乱，绷带用完不消毒就再用，护士也不知道该做啥，全凭感觉来，有的护士好心却帮了倒忙。

南丁格尔到了战地医院后，没像别人那样凭经验照顾病患，而是总结出一套护理病人的办法：她规定病房必须天天用漂白粉消毒，护士接触病人前必须洗手，不同的伤用不同的绷带，用完的绷带要烧掉，不能再用。

她还每天记录病人的情况，比如谁发烧了、谁伤口发炎了，用数据看哪种护理方法更有效。慢慢地，士兵的死亡率下降很多。战争结束后，南丁格尔把这些方法写成书，开办护士学校，教大家怎么科学护理，让护理从"凭经验"变成了一门有系统方法的学问。

## 认知内核

**拥有系统观念：** 系统方法不是瞎编的，是从经验里总结出来的，能解决大部分问题，还能教给别人。

**依靠系统成事：** 有系统方法的人，做事又稳又好，还能带动大家一起进步。

## 逆袭突围攻略

*经验就像散落的珠子，系统方法就像把珠子串成项链，既好看又好用，还不容易丢。*

⭐ **把"经验"变成"步骤"**。比如你发现"早上背单词记得牢"，别光自己知道，总结成"早上背20分钟，晚上复习5分钟"的步骤，以后就按这个来，效果会更稳定。南丁格尔就是把护理经验变成了系统的步骤。

⭐ **用"记录"帮自己总结**。做错题时，不光订正答案，还要记下"错在哪、怎么改、以后怎么避免"，慢慢就会形成"改错题的系统方法"；做成功一件事，记下"步骤、要点、注意事项"，以后就能复制成功。

⭐ **别怕"麻烦"**。系统方法一开始建立起来可能有点麻烦，就像南丁格尔要记录那么多数据，但一旦建立起来，以后做事就会又快又好，省好多事。

## 58. 单打独斗，还是协同合作？

● 喜欢单打独斗的人，习惯凡事自己扛，觉得"求助是示弱""合作会被拖累"，哪怕能力不够也硬撑，结果要么卡在瓶颈做不出成绩，要么勉强完成却耗费大量精力，很难突破个人局限。

● 擅长协同合作的人，明白"每个人都有短板"，擅长找到彼此的优势互补：你善规划、他强执行、我懂细节，像拼拼图一样把不同能力组合起来，既能高效完成大事，又能在合作中互相学习，实现"1+1＞2"的效果。

### 爱迪生创建发明工厂

爱迪生是有名的发明家，一辈子有 1000 多项发明，但他不是一个人干出来的。以前的发明家大多一个人闷头搞发明，又慢又难，爱迪生觉得"一个人懂的有限，一群人一起干肯定更快"。

他在门洛帕克建了一个"发明工厂"，找来各种各样的人才：有懂物理的科学家，有会做机器的工程师，有手艺好的工匠，还有会记录、整理的文员。爱迪生自己负责想"要发明什么"，科学家负责想"怎么能实现"，工程师负责画图纸、做设计，工匠负责把设计做出来，文员负责记实验数据、写报告。

比如发明留声机时，科学家分析声音

的原理，工程师设计机器结构，工匠打磨零件，没多久就做出来了。要是爱迪生一个人干，肯定没这么快。这种大家一起干的方式，让发明变得又快又多，后来好多公司都学他这么做。

## 认知内核

**博采众长：** 再厉害的人也有不懂的地方，合作能让大家取长补短，干成一个人干不成的事。

**注重合作：** 协作不是谁帮谁，是大家一起使劲，你出一份力，我出一份力，最后成果比两个人单独干的成果加起来还多。

## 逆袭突围攻略

好多事都不是一个人能做好的，学会合作，既能把事做成，又能交到朋友，这才是聪明的做法。

⭐ **承认"自己不是万能的"。** 别觉得"找人帮忙是丢人"，每个人都有不擅长的事，比如你数学好、我语文好，互相帮忙很正常。爱迪生就知道自己不是啥都懂，才找了各种人才。

⭐ **学会"分活儿"。** 合作时，别瞎掺和，看看自己擅长什么、别人擅长什么。比如小组做项目时，你擅长说，就负责演讲；他擅长写，就负责写报告。各干各的强项，效率才高。

⭐ **多沟通、多配合。** 团队合作时，多说说自己的想法，也听听别人的；在别人需要帮忙时搭把手，自己遇到困难时也别客气。就像爱迪生的团队，大家天天沟通，才能把发明做好。

## 59. 屈从妥协,还是积极抗争?

● **屈从妥协的人**,遇到不公平、不合理的事,总说"算了吧""没办法",忍着、让着,结果坏人更嚣张,自己更憋屈,问题永远在那儿。

● **积极抗争的人**,不会忍受不公平,会想办法反抗,会去争取,哪怕很难、要花很久,也不放弃,最后总能改变点什么,让情况变好。

### 曼德拉反对种族隔离

在南非,以前有"种族隔离"制度,黑人没有投票权,甚至不能和白人上同一所学校、坐同一辆公交车,处处被欺负。好多黑人觉得"这辈子就这样了,反抗也没用"。

曼德拉觉得"人生来平等,凭什么黑人就低人一等"。他当律师时,帮黑人打官司,反对不公平的法律;他组织大家和平抗议,要求平等的权利。

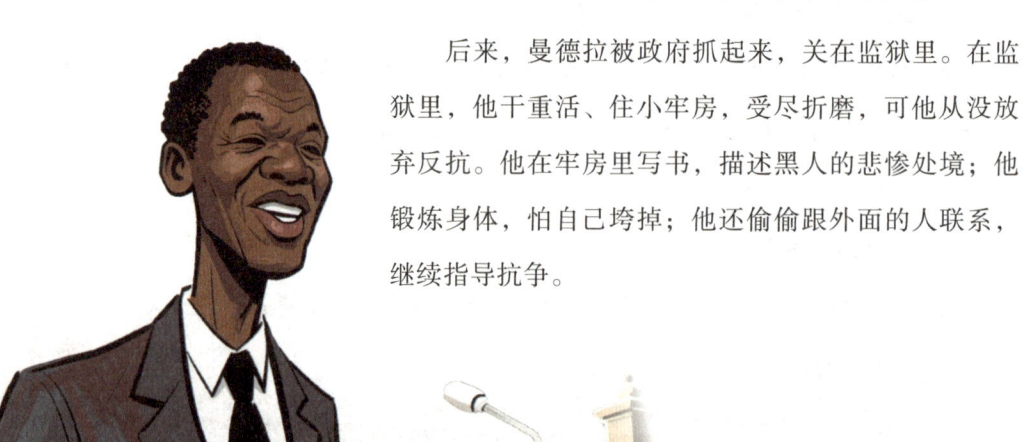

后来,曼德拉被政府抓起来,关在监狱里。在监狱里,他干重活、住小牢房,受尽折磨,可他从没放弃反抗。他在牢房里写书,描述黑人的悲惨处境;他锻炼身体,怕自己垮掉;他还偷偷跟外面的人联系,继续指导抗争。

最后，曼德拉被放了出来，这时候好多人都支持他、支持平等。最后，南非废除了种族隔离制度，曼德拉还当上了总统，黑人终于有了平等的权利。

## 认知内核

**学会争取：** 屈从妥协换不来公平，只会让不公平变本加厉，积极抗争才有可能改变。

**用正确的方式抗争：** 抗争不一定非要吵架、打架，和平的、坚持的抗争更有力量。

### 逆袭突围攻略

*抗争不是为了争输赢，是为了守住自己的尊严、争取该有的权利。*

⭐ **别轻易说"算了"。** 遇到不公平的事，比如有人欺负同学、有人破坏规则，先想想"这不对，我该做点什么"，别马上妥协。曼德拉就没对种族隔离制度说"算了"。

⭐ **用合适的方式抗争。** 不是只有吵架、打架才叫抗争，你可以讲道理，找老师、家长帮忙，或团结更多人一起反对。曼德拉就是靠打官司、和平抗议，而不是靠暴力。

⭐ **有耐心，能坚持。** 抗争往往不会一下子成功，就像曼德拉被关了27年一样。遇到挫折别灰心，想想"我这么做是对的，再坚持一下"。

## 60. 偏见固化，还是平等觉醒？

● **怀有固化偏见的人**，总以有色眼镜看待他人，秉持着"男人就该如此这般""女人就该这般如此"的观念，凭借标签评判他人，既不给他人机会，也使自己的格局变得狭隘。

● **具备平等意识之人**，深知"每个人都是独一无二的，不能用标签加以定义"，他们认为无论男女，无论来自何方，都应享有同等的机会，并获得尊重，能够看到每个人的价值所在。

### 沃斯通克拉夫特倡导女权

18世纪的欧洲，很多人都觉得"女人就该在家带孩子、做家务，不用读书，也不用懂太多道理"，甚至有人说"女人天生就不如男人聪明"。好多女人也觉得"就该这样"，没想过要改变。

1792年，玛丽·沃斯通克拉夫写了一本叫《女权辩护：关于政治和道德问题的批评》的书，认为"女人看起来软弱，不是因为天生就这样，是因为没人教她们知识，总让她们依赖别人"。

她觉得女人应该和男人一样上学校、学科学、学哲学，而不是只学刺绣、弹琴这些"装饰品"一样的东西。她自己也以身作则，靠写书、翻译赚钱养活自己，证明女人也能独

立,也有智慧。

虽然那时候好多人不理解她,但她的书让好多女人觉醒,开始争取自己的权利。慢慢地,女人也能上学、能工作了,和男人越来越平等。

## 认知内核

**打破偏见的枷锁:** 偏见就像枷锁,既锁住了别人,也锁住了自己,平等觉醒就是打破这把锁。

**拒绝被他人定义:** 人不能用标签定义,每个个体都是独一无二的,不能因为"他是某某群体的"就下判断。

## 逆袭突围攻略

平等觉醒不是喊口号,是从心里相信"每个人都值得被尊重、都该有平等的机会",并在生活中这样对待别人、要求自己。

⭐ **撕掉"标签"**。别再说"男生学不好语文""女生学不好数学""农村孩子见识少"这种话,看到一个人,就把他当成一个独立的人来看,不是某个群体的代表。

⭐ **支持"机会平等"**。看到有人因为性别、出身、长相被不公平对待,别袖手旁观,能帮就帮一把,比如鼓励女生学理科、尊重来自农村的同学。

⭐ **自己先做到"不被标签限制"**。如果你是女生,别觉得"我学不好理科";如果你来自小地方,别觉得"我不如别人"。